计算机专业“十三五”规划教材

Java程序设计

主　编　袁明兰　王晓鹏　孔春丽
副主编　梁兴波　胡雪松　戴　琴　陈　明　刘德政

北京希望电子出版社
Beijing Hope Electronic Press
www.bhp.com.cn

内 容 简 介

本书以 Java 语言的基础程序设计、面向对象程序设计和事件处理为三大主线，采用浅显易懂的语言和丰富简单的实例，全面系统地介绍了 Java 语言的特点及应用技术，以及 Java 语言面向对象程序设计的重点和难点。本书共 10 章，主要内容包括 Java 语言概述、Java 语言运行环境及常用工具、Java 编程、JSP 编程、数据库访问、Servlet 编程、JavaBean 编程、自定义标签、MVC 模式和 Struts 应用。

本书既可作为应用型本科院校、职业院校计算机专业的教材，也可作为各学校程序设计公共选修课的教材，同时还可用作职业教育的培训用书和 Java 语言初学者的入门教材，或为具有一定 Java 语言编程经验的开发人员学习使用。

图书在版编目（CIP）数据

Java 程序设计 / 袁明兰，王晓鹏，孔春丽主编. -- 北京 ：北京希望电子出版社，2018.11

ISBN 978-7-83002-651-6

Ⅰ. ①J… Ⅱ. ①袁… ②王… ③孔… Ⅲ. ①JAVA 语言－程序设计 Ⅳ. ①TP312.8

中国版本图书馆 CIP 数据核字（2018）第 255694 号

出版：北京希望电子出版社
地址：北京市海淀区中关村大街 22 号
中科大厦 A 座 10 层
邮编：100190
网址：www. bhp. com. cn
电话：010-82626270
传真：010-62543892
经销：各地新华书店

封面：赵俊红
编辑：李小楠
校对：薛海霞
开本：787mm×1092mm 1/16
印张：16.5
字数：428 千字
印刷：廊坊市广阳区九洲印刷厂
版次：2023 年 8 月 1 版 2 次印刷

定价：48. 00 元

前　言

随着信息化的发展，网络技术水平不断提高，带动了Java语言在金融、通信、制造、电子政务、移动设备及消费类电子产品等领域日益广泛的应用，Java语言已经和我们的日常生活息息相关。近年来，市场对Java语言开发人才的需求旺盛，激发了广大开发人员学习Java语言的兴趣。对于很多Java语言的初学者来说，如何选择适合自己的教材，从而快速提高Java语言的编程水平，是很重要的事情。

本书作者具有丰富的教学经验及软件开发经历，在编写本书时自始至终贯穿着“面向对象”的编程思想，以Java语言为实现方式，力求内容设计切合实际，尽量缩小计算机专业毕业生的技能水平与人才需求之间的差距，同时引导读者深入理解Java语言程序设计，少走弯路。本书具有以下几个特点。

（1）本书内容新颖，是根据当前社会发展的需要而确定的，符合计算机科学技术的发展和教学改革的要求。

（2）本书以应用为出发点，强调实用性，适合初学者。本书作者都是长期在第一线从事高校计算机基础教育的教师，对学生的基础、特点和认识规律有深入的研究，在教学实践中积累了丰富的经验。

（3）在教材的写法上，既注意概念的严谨和清晰，又特别注意采用读者容易理解的方法阐明看似深奥难懂的道理，做到例题丰富、通俗易懂、便于自学。

（4）本书强调Java语言的实践性，提供大量实用性很强的编程实例，生动、完整，连贯性强。

（5）本书从实际出发，知识更新及时，反映了Java语言和程序设计的发展成果。

本书共10章，主要内容包括Java语言概述、Java语言运行环境及常用工具、Java编程、JSP编程、数据库访问、Servlet编程、JavaBean编程、自定义标签、MVC模式和Struts应用。本书由重庆应用技术职业学院的袁明兰、河南中医药大学的王晓鹏和保山中医药高等专科学校的孔春丽任主编，由江西工业职业技术学院的梁兴波、装甲兵工程学院的胡雪松、吉安职业技术学院的戴琴、重庆市育才职业教育中心的陈明和南昌大学共青学院的刘德政任副主编。本书的相关资料可扫封底微信二维码或登录www.bjzzwh.com下载获得。

本书既可作为应用型本科院校、职业院校计算机专业的教材，也可作为各学校程序设计公共选修课的教材，同时还可用作职业教育的培训用书和Java语言初学者的入门教材，或为具有一定Java语言编程经验的开发人员学习使用。

本书难免有疏漏和不当之处，敬请各位专家及读者不吝赐教。

编　者

前言

目　录

第1章 Java语言概述

本章导读

Java是一种可以撰写跨平台应用软件的面向对象的程序设计语言。Java技术具有卓越的通用性、高效性、平台移植性和安全性,被广泛应用于个人计算机、数据中心、游戏控制台、科学超级计算机、移动电话和互联网,同时拥有全球最大的开发者专业社群。

本章目标

- 了解Java语言的基本知识
- 掌握Java语言编程的特点和Java语言程序的类型

1.1 Java语言的基本知识

Java是由Sun Microsystems公司推出的“Java面向对象程序设计语言”(以下简称“Java语言”)和“Java平台”的总称。Java由James Gosling和同事们共同研发,并在1995年正式推出。Java最初被称为“Oak”,是1991年为消费类电子产品的嵌入式芯片而设计的;1995年更名为“Java”,并被重新设计用于开发互联网应用程序。用Java实现的HotJava浏览器(支持Java Applet)显示了Java的魅力:跨平台、动态Web、互联网计算。从此,Java被广泛接受并推动了Web的迅速发展,常用的浏览器均支持Java Applet。另一方面,Java技术也在不断更新。

Java自面世后就非常流行,其发展迅速,对C++语言形成有力冲击。在全球云计算和移动互联网的产业环境下,Java更具备了显著优势和广阔前景。2010年,Oracle公司收购Sun Microsystems。

1.1.1 Java语言的技术优势

与传统程序不同,Sun公司在推出Java之际就将其作为一种开放的技术。全球数以万计的 Java 开发公司被要求所设计的 Java 软件必须相互兼容。“Java 语言靠群体的力量而非公司的力量”是 Sun 公司的口号之一,并获得了广大软件开发商的认同,这与微软公司所倡导的注重精英和封闭式的模式完全不同。

Sun 公司对 Java 编程语言的解释是:Java 编程语言是种简单、面向对象、分布式、解释性、健壮、安全与系统无关、可移植、高性能、多线程和动态的语言。

Java 平台是基于 Java 语言的平台,这样的平台非常流行。因此,微软公司推出了与之竞争的 .NET 平台及模仿 Java 的 C#语言。至此,Java 的应用已十分广泛。

Java 是功能完善的通用程序设计语言,可以用来开发可靠的、要求严格的应用程序。

Java 的用途:Java 是成熟的产品,已经有 10 年的历史。80% 以上的高端企业级应用都使用 Java 平台(电信、银行等)。

自从 1995 年 Sun 公司正式发布 Java1.0 版以来,在全球范围内引发了经久不衰的 Java 热潮,Java 的版本也不断更新到 v1.1、v1.2、v1.3、v1.4,同时其内容有了巨大的改进和扩充,还出现了标准版、企业版、服务器版等满足不同需要的版本。另外,有了迅速发展的 JavaBean,其他的 Java 编译器和集成开发环境等第三方软件。

1.1.2 Java 语言的基本含义

(1)抽象类:规定一个或多个抽象方法的类别本身必须被定义为“abstract”,抽象类只是用来派生子类,而不能用它来创建对象。

(2)最终类:又称“final 类”,它只能用来创建对象,而不能被继承;与抽象类刚好相反,而且抽象类与最终类不能同时修饰同一个类。

(3)包:Java 中的包是相关类和接口的集合,创建包必须使用关键字“package”。

(4)继承:Java 作为面向对象编程语言,支持“继承”这一基本概念。但 Java 只支持单根继承,java.lang.Object 是所有其他类的基类。

(5)多态类:在 Java 中,对象变量是多态的,而 Java 不支持多重继承。

(6)接口:Java 中的接口是一系列方法的声明,是一些方法特征的集合,一个接口只有方法的特征而没有方法的实现,因此,这些方法可以在不同的地方被不同的类实现,而这些实现可以具有不同的行为。

(7)通用编程:任何类类型的所有值都可以用 Object 类型的变量来代替。

(8)封装:把数据和行为结合在一个包中,并对对象使用者隐藏数据的实现过程,一个对象中的数据被称为它的“实例字段”(instance field)。

(9)重载:当多个方法具有相同的名字而含有不同的参数时,便发生重载。编译器必须挑选出调用哪个方法进行编译。

(10)重写:也可被称为方法的“覆盖”。在 Java 中,子类可继承父类中的方法,而不需要重新编写相同的方法。但有时子类并不想原封不动地继承父类的方法,而是想作一定的修改,这就需要采用方法的重写。值得注意的是,子类在重新定义父类已有的方法时,应保持与父类完全相同的方法头声明。

(11)Class 类:Object 类中的 getClass 方法返回 Class 类型的一个实例,程序启动时包含

在 main 方法的类会被加载,虚拟机要加载其需要的所有类,每一个加载的类都要加载其需要的类。

1.1.3 Java 语言的基本语法

编写 Java 程序时,应注意以下几点。

(1)大小写敏感:Java 是大小写敏感的,这就意味着标识符“Hello”与“hello”是不同的。

(2)类名:对于所有的类来说,类名的首字母应该大写。如果类名由若干单词组成,那么每个单词的首字母应该大写。例如,MyFirstJavaClass。

(3)方法名:所有的方法名都应该以小写字母开头。如果方法名含有若干单词,则后面的每个单词的首字母大写。例如,myFirstJavaClass。

(4)源文件名:源文件名必须和类名相同。当保存文件的时候,应该使用类名作为文件名保存(切记 Java 是大小写敏感的),文件名的后缀为 . java。如果文件名和类名不相同则会导致编译错误。

(5)主方法入口:所有的 Java 程序由 public static void main(String[ ] args)方法开始执行。

1.2 Java 语言的特点和 Java 语言程序的类型

1.2.1 Java 语言的特点

Java 是一种被广泛使用的网络编程语言,是一种新的计算概念。首先,作为一种程序设计语言,它简单、面向对象,具有分布式、解释性、可移植性、健壮性、安全性等特点,并且提供了多线程、动态的机制,具有很高的性能。下面对这些特点作简要介绍。

1. 简单

首先,Java 语言是一种面向对象的语言,它通过提供最基本的方法来完成指定的任务,只需理解一些基本的概念,就可以用它编写出适合于各种情况的应用程序。Java 虽然来源于 C++,但它省去了 C++中模糊复杂的概念,如头文件、指针、结构体、单元、运算符重载、多重继承等,并且通过实现自动垃圾收集,大大简化了程序设计者的内存管理工作。其次,Java 把编程时经常用到的一些功能封装成类库提供给程序员,这样程序员就避免了重复编写相同代码的麻烦。另外,Java 也适合于在小型机上运行,它的基本解释器及类的支持只有 40 KB 左右,加上标准类库和线程的支持也只有 215 KB 左右。

2. 面向对象

Java 语言的设计集中于对象及其接口,即提供了简单的类机制及动态的接口模型。对象中封装了它的状态变量及相应的方法,实现了模块化和信息隐藏;而类则提供了一类对象的原型，并且通过继承机制，子类可以使用父类所提供的方法，实现了代码的复用。

3. 分布式

Java是面向网络的语言，通过它提供的类库可以处理TCP/IP、HTTP、FTP等协议，用户可以通过URL地址在网络上很方便地访问其他对象。

4. 解释性

Java解释器直接对Java字节码进行解释执行。字节码本身携带了许多编译时的信息，使连接过程更加简单。运行Java应用程序时，由解释器根据字节码一边解释一边执行，并根据需要载入相应类库。

5. 高性能

用标准的Java解释器转换字节码来运行Java程序，其速度明显不够快，目前采用另一种编译方式，即准实时(Just-In-Time)编译器，或者被称为"JIT编译器"。该技术把字节码转换成机器码并缓存，对其进行适当的优化，当再次运行该字节码时可以直接调用缓存中的代码，因此，可以实现10~20倍的速度提升，明显快于传统的Java编译器。

6. 可移植性

与平台无关的特性使Java程序可以方便地被移植到网络上的不同机器，同时，Java的类库中也实现了与不同平台的接口，使这些类库可以被移植，这样在任何平台的任何Java解释器上的数据类型都是一致的。另外，Java编译器是由Java语言实现的，Java运行时系统由标准C实现，这使得Java系统本身也具有可移植性。

7. 健壮性

Java在编译和运行程序时，都要对可能出现的问题进行检查，以消除错误的产生。它提供自动垃圾收集以进行内存管理，防止程序员在管理内存时出现错误，从而避免了程序运行时覆盖或修改某些重要数据。

8. 安全性

用于网络、分布环境下的Java必须要防止病毒和黑客的入侵，为此，它建立了严格的安全检查机制。Java不支持指针，一切对内存的访问都必须通过对象的实例变量来实现，这样就防止了程序员使用"特洛伊"木马等欺骗手段访问对象的私有成员，同时也避免了指针操作中容易产生的错误。

9. 多线程

多线程机制使应用程序能够并行执行，更重要的是，多线程提高了程序的交互性能和实时响应性能，而且同步机制保证了对共享数据的正确操作。通过使用多线程，程序设计者可以分别用不同的线程完成特定的行为，而不需要采用全局的事件循环机制，这样就很容易地实现网络上的实时交互行为。

10. 动态

Java的设计使它适合于一个不断发展的环境，在类库中可以自由地加入新的方法和实例变量而不会影响用户程序的执行，这个特性是C++等其他编译器语言所无法实现的。

1.2.2 Java 语言程序的类型

按照实现环境的不同,Java 语言程序大致可以分为以下五种类型。

(1)Java Application:一种独立的 Java 应用程序。

(2)Java Applet:Java 小应用程序,通常在用户浏览器中运行。它是动态、安全、跨平台的网络应用程序。Java Applet 嵌入 HTML 语言,通过主页被发布到互联网。网络用户访问服务器的 Applet 时,这些 Applet 从网络上进行传输,然后在支持 Java 的浏览器中运行。由于 Java 语言的安全机制,用户一旦载入 Applet,就可以放心地来生成多媒体的用户界面或完成复杂的计算而不必担心病毒的入侵。虽然 Applet 可以和图像、声音、动画等一样从网络上下载,但它并不同于这些多媒体的文件格式,它可以接收用户的输入,动态地进行改变,而不仅仅是动画的显示和声音的播放。

(3)Java Servlet:Java 服务器小程序,实质上是一个 Java 类,运行于 Web 服务器端,接收客户端的请求,并自动生成动态网页返回到客户端。

(4)JSP(Java Server Page):一种用于生成动态网页的技术,类似 ASP,基于 Servlet 技术,可实现程序与页面格式控制的分离。JSP 能够快速开发出基于 Web、独立于平台的应用程序。JSP 程序同样运行于 Web 服务器端。

(5)JavaBeans:可重用的、独立于平台的 Java 程序组件,使用相应的开发工具,可将它直接插入其他的 Java 应用程序中。

本章小结

本章主要讲解了 Java 语言的基本知识、Java 语言的特点和 Java 语言程序的类型等。通过对本章的学习,读者可以了解 Java 语言的技术优势和基本语法;掌握 Java 语言的基本含义;了解 Java 语言简单、面向对象,具有分布式、解释性、高性能、可移植性、健壮性、安全性等特点,并提供多线程和动态等机制;知道 Java 语言程序的 Java Application、Java Applet、Java Servlet、JSP 和 JavaBeans 五种类型。

本章习题

1. 简述 Java 语言的基本含义。
2. 简述 Java 语言的基本语法。
3. 简述 Java 语言的特点。
4. 简述 Java 语言程序常见的五种类型。

第2章　Java语言运行环境及常用工具

本章导读

编写的Java应用程序要想运行起来，必须预先配置好Java的运行环境，即编写Java语言的计算机应用程序需要一个编辑、编译和运行的环境。这里将详细介绍Java高级语言的开发工具及相应的环境设置，读者在熟练掌握这些知识的基础上，可以编写简单的Java程序。

本章目标

· 了解Java运行环境的构建
· 掌握Java语言的常用工具

2.1　构建Java运行环境

2.1.1　安装JDK

JDK是Java开发工具包(Java Development Kit)的缩写，它是一种用于构建在Java平台上发布的应用程序、applet和组件的开发环境。编写Java程序必须得有JDK，它提供了编译Java和运行Java程序的环境，Java语言的初学者一般都采用这种开发工具。本书采用的是JDK v6版本，可到网址http://java.sun.com/javase/downloads/index.jsp免费下载。

选择相应平台的JDK并下载后，双击安装文件，进入安装界面(见图2-1)，安装过程只需按照安装向导一步步进行即可。

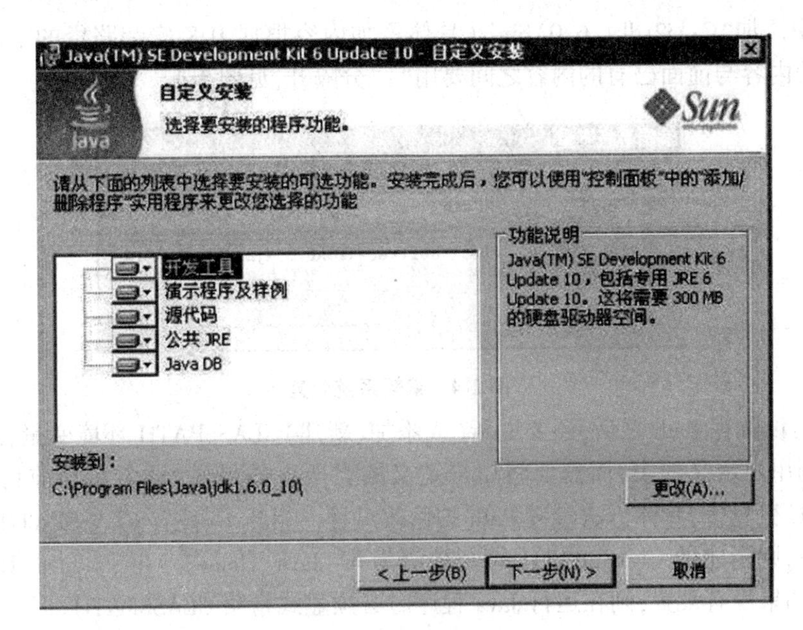

图 2-1　JDK 安装界面

为了在命令行方式下使用 JDK 工具时,系统能够自动找到 JDK 工具的位置,还需要修改环境变量 Path 和设置 CLASSPATH,在 Path 的最前面增加 Java 的路径,这样 JDK 便安装好了。

在 Windows 环境下设置 Path 的步骤如下。

步骤 1:选择"开始"→"设置"→"控制面板"→"系统"命令,在"系统属性"对话框中选择"高级"选项卡,见图 2-2。

步骤 2:单击"环境变量"按钮,弹出"环境变量"对话框,见图 2-3。

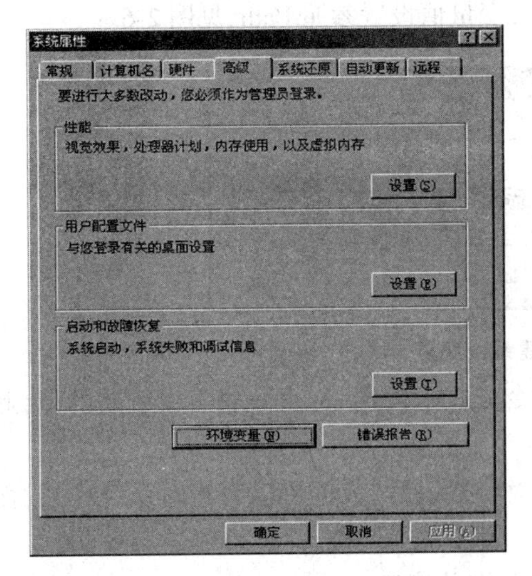

图 2-2　"系统属性"对话框

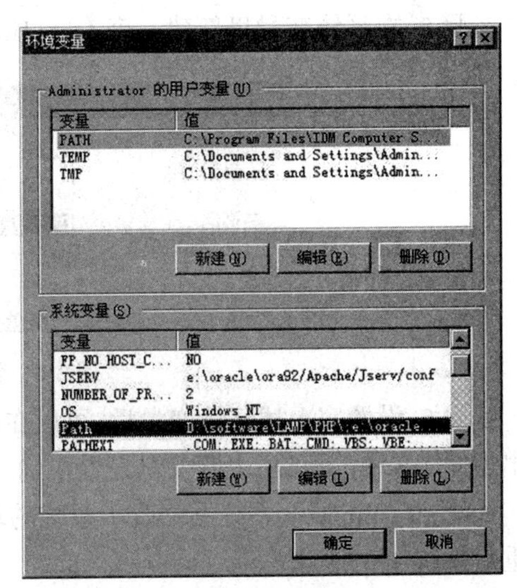

图 2-3　"环境变量"对话框

步骤 3:在系统变量中选择"Path",单击"编辑"按钮,弹出"编辑系统变量"对话框,在

“变量值”中添加“C:\j2sdk1.6.0\bin”(具体添加内容根据 JDK 安装路径的不同而不同),注意添加的内容与前面已有的内容之间要用“;”分隔开,见图 2-4。

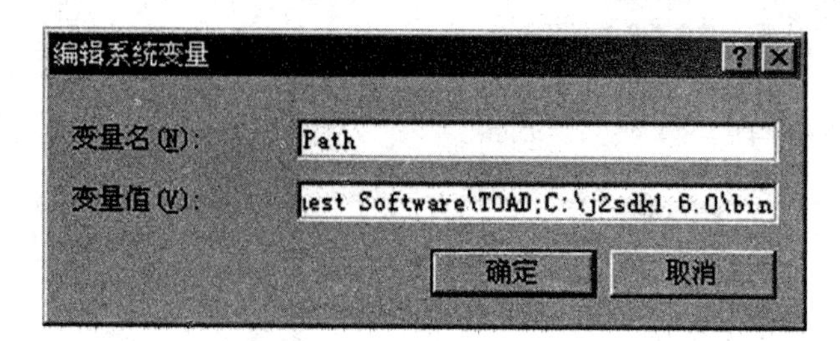

图 2-4　编辑系统变量

步骤 4:设置完 Path 之后,还要更新(或添加、新建)CLASSPATH 环境变量,这是为了使系统能找到用户定义的类,而需要将用户定义的类所在的目录(通常是当前目录)放入到 CLASSPATH 变量中,具体方法参考 Path 的修改过程。当然了,设置 CLASSPATH 是可选的,如果不存在,则新建的 CLASSPATH 的变量值为“.;Java_Home% \lib;% Java_Home% \lib\tools.jar”;如果没有设置,则在运行 Java 程序时必须显式指明 CLASSPATH。

注意:分号前面的点一定要保留,见图 2-5。

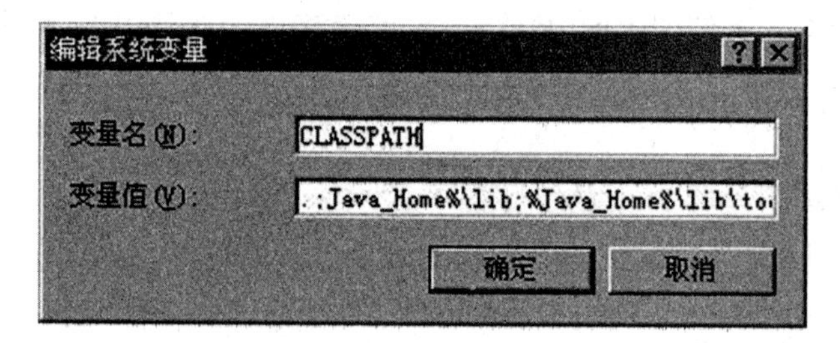

图 2-5　更新环境变量

步骤 5:在系统变量里新建一个 Java_Home,变量值设置参照 Path,见图 2-6。

图 2-6　新建系统变量

步骤 6:设置完上述环境变量后,可以在命令方式下使用 set 命令查看设置后的值,此时会出现图 2-7 中的窗口,表明变量设置正确。

注意:在 Windows 系统下修改了系统的环境变量以后,数据可以直接对系统作用,而无需重启系统。

读者可以到 Sun 公司的网站上查找最新的版本及信息。

```
C:\WINDOWS\system32\cmd.exe
HOMEDRIVE=C:
HOMEPATH=\Documents and Settings\Administrator
JAVA_HOME=C:/jdk1.6.0_10
LOGONSERVER=\\PC2010110214MXB
NUMBER_OF_PROCESSORS=2
OS=Windows_NT
Path=C:\WINDOWS\system32;C:\WINDOWS;C:\WINDOWS\System32\Wbem;C:\jdk1.6.0_10\bin
PATHEXT=.COM;.EXE;.BAT;.CMD;.VBS;.VBE;.JS;.JSE;.WSF;.WSH
PROCESSOR_ARCHITECTURE=x86
PROCESSOR_IDENTIFIER=x86 Family 15 Model 107 Stepping 2, AuthenticAMD
PROCESSOR_LEVEL=15
PROCESSOR_REVISION=6b02
ProgramFiles=C:\Program Files
PROMPT=$P$G
SESSIONNAME=Console
SystemDrive=C:
SystemRoot=C:\WINDOWS
TEMP=C:\DOCUME~1\ADMINI~1\LOCALS~1\Temp
TMP=C:\DOCUME~1\ADMINI~1\LOCALS~1\Temp
USERDOMAIN=PC2010110214MXB
USERNAME=Administrator
USERPROFILE=C:\Documents and Settings\Administrator
windir=C:\WINDOWS

C:\>_
```

图 2-7　查看环境变量的设置结果

2.1.2　代码编辑工具

JDK 中的所有工具都是基于命令行方式的。相比那些高级的开发环境，JDK 的这种方式反而显得简单明了，易于学习。它可以通过任何文本编辑器来编写 Java 源文件，然后在命令方式下通过 javac 和 java 命令来执行。下面介绍几种在 Java 开发时常用的文本编辑器。

1. 记事本

先编写一个简单的 Java 测试例子。

步骤 1：在 C：\ 下新建一个文本文件，并命名为“Hello. java”，文件的扩展名必须是“. java”。

步骤 2：用文本编辑器（记事本）打开该文件，输入如下内容。

```
public class Hello{public static void main(String[] args)
   {
   System.out.println("Hello Java World!");
   }
}
```

步骤 3：在命令行中输入“C：\javac Hello. java”。

步骤 4：在命令行中输入“java Hello”，则该程序被执行，见图 2-8。

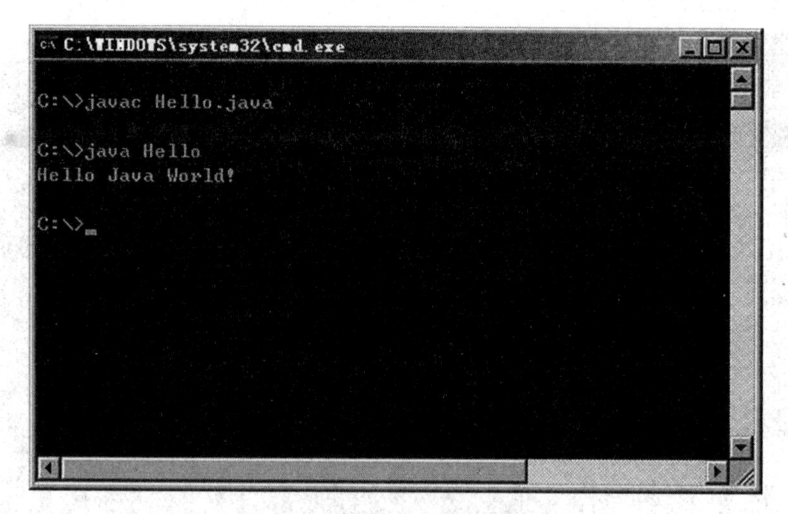

图 2-8　Hello. java 的执行结果

根据上面的例子可以看出,开发 Java 程序总体上可以分为以下三个步骤:

(1)编写 Java 源文件。它是一种文本文件,扩展名为 . java。

(2)编译 Java 源文件。也就是将 Java 源文件编译(Compile)成 Java 类文件(扩展名为 . class)。

(3)运行 Java 程序。Java 程序可以分为 Java Application(Java 应用程序)和 Java Applet(Java 小应用程序)。其中,Java Application 必须通过 Java 解释器(Java. exe)来解释执行其字节码文件,而 Java Applet 必须使用支持它的浏览器(如 IE)运行。

2. UltraEdit

UltraEdit 是一套功能强大的文本编辑器,可以编辑文本、十六进制数值、ASCII 码,完全可以取代记事本(如果计算机配置足够强大),内建英文单词检查、C++及 VB 指令突显,可同时编辑多个文件,而且即使打开很大的文件其速度也不会慢。该软件附有 HTML 标签颜色显示、搜寻替换及无限制的还原功能,一般用它来修改 EXE 或 DLL 文件,是能够满足用户一切编辑需要的编辑器。最值得称道的是,它可以对各种源代码进行语法着色,使用户能够清晰地分辨代码中的各种成分。同时,也可以用它来开发 HTML、JSP、ASP 等。它不仅可以区分其中的 scriptlet(小脚本)和 HTML 代码,对它们进行很好的着色,而且提供了几乎全部的 HTML TAG 和特殊字符,方便轻松查到。当它对 HTML 进行着色时,可以做到对 TAG、PROPERTY 和 VALUE 进行不同的着色。

它的配置很简单,步骤如下。

步骤 1:运行 UltraEdit,选择"高级"→"工具配置"命令,打开"工具配置"对话框,在"命令行"文本框中输入"javac. exe %n%e",在"工作目录"文本框中输入"%p",在"菜单项名称"文本框中输入"Java 编译"(见图 2-9);在"选项"选项卡中勾选"先保存所有文件"复选框;在"输出"选项卡中勾选"输出到列表框"和"捕捉输出"复选框,然后单击"插入"按钮。

步骤 2:再次单击"插入"按钮,插入"Java 运行"。"Java 运行"的设置与"Java 编译"大致相同。在"命令行"文本框中输入"java. exe %n",在"工作目录"文本框中输入"%p",在"菜单项名称"文本框中输入"Java 运行" ;在"选项"选项卡中勾选"先保存所有文件"复选框；在“输出”选项卡中勾选“输出到列表框”和“捕捉输出”复选框，然后单击“应用”按钮和“确定”按钮（见图 2-10）。

配置成功之后，在“高级”菜单项下面会生成配置好的菜单项，并带有快捷方式，默认添加的第一个菜单项的快捷方式为 Ctrl+Shift+0，第二个菜单项的快捷方式为 Ctrl+Shift+1，以此类推（见图 2-11）。

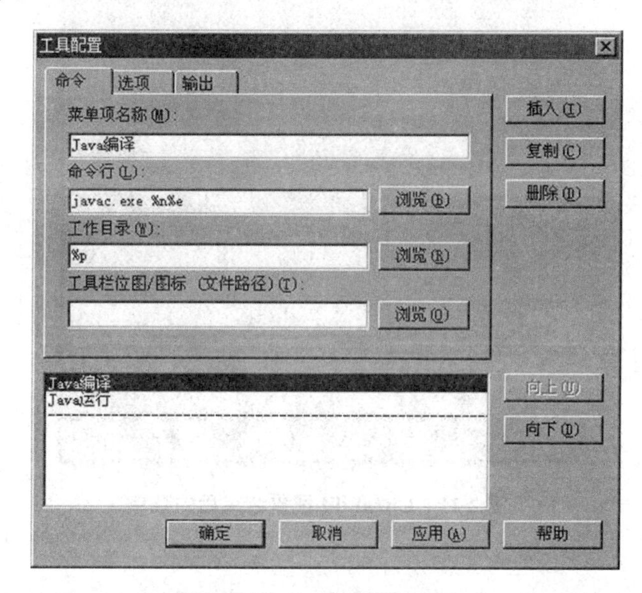

图 2-9　“Java 编译”的设置

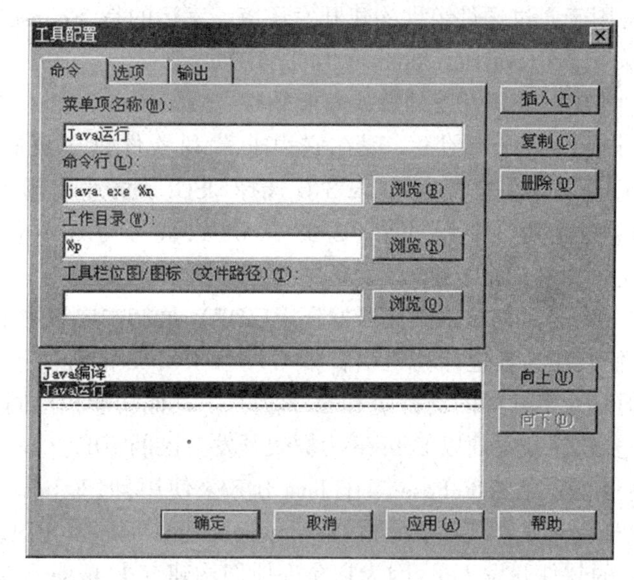

图 2-10　“Java 运行”的设置

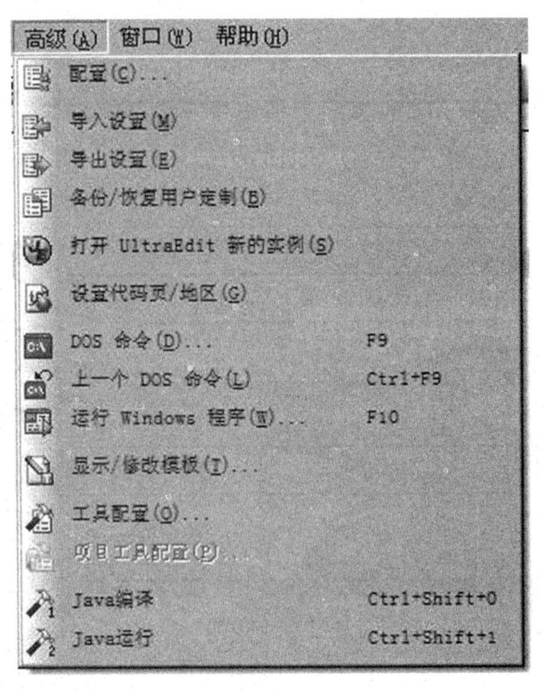

图 2-11　UltraEdit 配置结束后的菜单

3. Eclipse

Eclipse 是一个开放源代码的、基于 Java 的可扩展开发平台。就其本身而言，它只是一个框架和一组服务，用于通过插件组件构建开发环境。幸运的是，Eclipse 附带一个标准的插件集，包括 Java 开发工具(Java Development Tools，JDT)。

Eclipse 最初是由 IBM 公司开发的替代商业软件 Visual Age for Java 的下一代 IDE 开发环境，2001 年 11 月提供给开源社区，现在它由非营利软件供应商联盟 Eclipse 基金会(Eclipse Foundation)管理。2003 年，Eclipse 3.0 选择 OSGi 服务平台规范为运行时的架构。2007 年 6 月，Eclipse 稳定版 3.3 版发布。2008 年 6 月，代号为 Ganymede 的 3.4 版发布。2009 年 7 月，代号为 GALILEO 的 3.5 版发布。

Eclipse 是著名的跨平台的自由集成开发环境(IDE)，最初主要被用于 Java 语言开发，目前亦有人通过插件使其作为其他计算机语言如 C++和 Python 的开发工具。Eclipse 本身只是一个框架平台，但是众多插件的支持使 Eclipse 拥有了其他功能相对固定的 IDE 软件很难具有的灵活性。许多软件开发商以 Eclipse 为框架开发自己的 IDE。

虽然大多数用户很乐于将 Eclipse 当作 Java IDE 来使用，但 Eclipse 的目标并不仅限于此。Eclipse 还包括插件开发环境(Plug-in Development Environment，PDE)，这个组件主要针对希望扩展 Eclipse 的软件开发人员，因为它允许他们构建与 Eclipse 环境无缝集成的工具。由于 Eclipse 中的每个组件都是插件，对于给 Eclipse 提供插件，以及给用户提供统一的集成开发环境而言，所有工具开发人员都具有同等的发挥场所。

基于 Eclipse 的应用程序的突出例子是 IBM 的 WebSphere Studio Workbench，它构成了 IBM Java 开发工具系列的基础。例如，WebSphere Studio Application Developer 添加了对 JSP、

servlet、EJB、XML、Web 服务和数据库访问的支持。

这个工具可以自行下载来试用,在此不再赘述,界面见图 2-12。

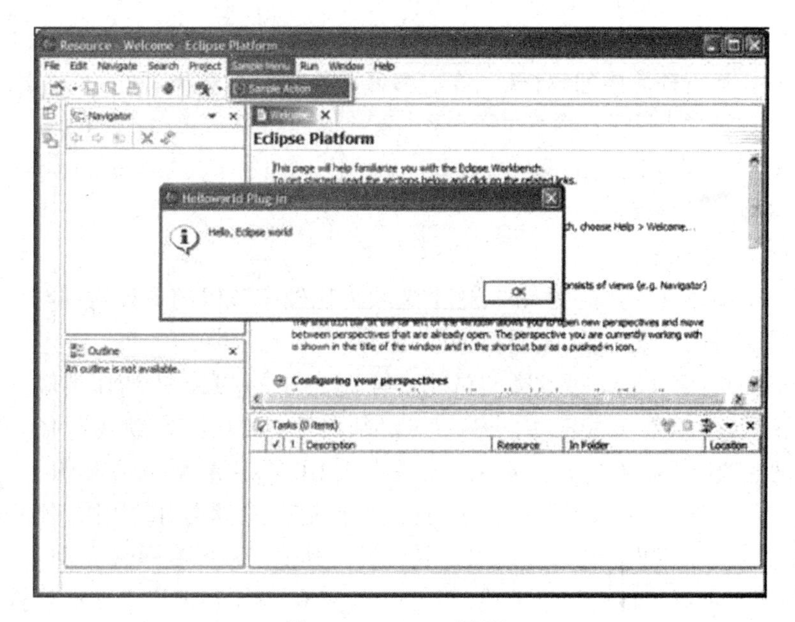

图 2-12　Eclipse 界面

2.1.3　JDK 的工具

1. javac

javac 是 Java 的编译器,javac 工具读取用 Java 编程语言编写的类和接口定义,并将它们编译成字节码类文件,保存成 class 文件(上面的例子就会产生一个 Hello. class 文件)。格式为:

```
javac [-g][-o][deprecation][-nowarn][-verbose][-classpathpath][-sour-
cepath][-d dir]
file. java…
```

参数可按任意次序排列。下面对参数进行解释。

-g:生成所有的调试信息,包括局部变量。默认情况下,只生成行号和源文件信息。

-o:优化代码以缩短执行时间。使用-o 选项可能使编译速度下降,生成更大的类文件并使程序难以调试。

-deprecation:输出使用已过时的 API 的源位置。

-nowarn:禁用警告信息。

-verbose:让编译器和解释器显示被编译的源文件名和被加载的类名。

-classpathpath:设置用户类路径,它将覆盖 CLASSPATH 环境变量中的用户类路径。若既未指定 CLASSPATH 又未指定-classpathpath,则用户类路径由当前目录构成。

-sourcepath:指定查找输入源文件的位置。

-d dir:设置类文件的目标目录。如果某个类是一个包的组成部分,则 javac 将该类文件放入反映包名的子目录中,必要时创建目录;若未指定-d dir,则 javac 将类文件放到与源文件相同的目录中。

2. java

java 是 Java 运行环境中的解释器,负责解释并执行 java 字节码(. class 文件)。其命令格式为:

```
java[options]classname<args>java_g[options]classname<args>
```

下面对参数进行解释。

其中,options 项如下。

-cs:当一个编译过的类被调入时,这个选项将比较字节码的更改时间与源文件的更改时间。如果源文件的时间靠后,则重新编译此类并调入此新类。

-classpathpath:定义 java 搜索类的路径。与 javac 中的 CLASSPATH 类似。

-mxS:设置最大内存分配堆,大小为 S,S 必须大于 1 024 字节,默认为 16 MB。

-msS:设置垃圾回收堆的大小为 S,S 必须大于 1 024 字节,默认为 1 MB。

-noasyncgc:关闭异步垃圾回收功能。此选项打开后,除非显示调用或程序内存溢出,垃圾内存将不回收;本选项不打开时,垃圾回收线程与其他线程异步同时执行。

-ssx:每个 Java 线程都有两个堆栈,即 Java 代码和 C 代码堆栈。该选项将线程里 C 代码用的堆栈设置成最大为 x。

-ossx:该选项将线程里 Java 代码用的堆栈设置成最大为 x。

-v 或-verbose:让 Java 解释器在每一个类被调入时,在标准输出上打印相应信息。

3. Javadoc

用于将 Java 源程序中的注释转换成 HTML 格式的文档。Javadoc 解析 Java 源文件中的声明和文档注释,并产生相应的默认 HTML 页,以描述公有类、保护类、内部类、接口、构造函数、方法和域。

在实现时,Javadoc 要求且依赖于 Java 编译器完成其工作。Javadoc 调用部分 Javac 编译声明部分,忽略成员实现。它建立类的内容丰富的内部表示,包括类层次和“使用”关系,然后从中生成 HTML。Javadoc 还从源代码的文档注释中获得用户提供的文档。

当 Javadoc 建立其内部文档结构时,它将加载所有引用的类。由于这一点,Javadoc 必须能查找到所有引用的类,包括引导类、扩展类和用户类。

4. AppletViewer

用于调试运行 Applet 程序片。

5. Jar

用于将应用程序包括的所有类文件打包成 . jar 文件。这种文件也是一种压缩文件,适于在网络上传输部署 Java 应用程序。其格式为:

```
jar {ctxu}[vfm0Mi] [jar-文件] [manifest-文件] [-C 目录] 文件名 ……
```

-c:创建新的存档。

-t:列出存档内容的列表。

-x:展开存档中命名的(或所有的)文件。

-u:更新已存在的存档。

-v:生成详细输出到标准输出上。

-f:指定存档文件名。

-m:包含来自文件的标明信息。

-0:只存储方式;未用 ZIP 压缩格式。

-M:不产生所有项的清单(manifest)文件。

-i:为指定的.jar 文件产生索引信息。

-C:改变到指定的目录,并且包含下列文件。

如果一个文件名是一个目录,它将被递归处理。

清单(manifest)文件名和存档文件名都需要被指定,按“m”和“f”标志指定的相同顺序。

示例1:将两个 class 文件存档到一个名为“classes.jar”的存档文件中。

```
jar cvf classes.jar Foo.class Bar.class
```

示例2:用一个存在的清单(manifest)文件“mymanifest” 将 foo\目录下的所有文件存档到一个名为“classes.jar”的存档文件中。

```
jar cvfm classes.jar mymanifest -C foo/.
```

2.1.4 构建 Servlet/JSP 运行环境

所有基于 Java 的服务器端的编程都是构建在 Servlet 之上的。Servlet 所适用的网络协议可以是多种多样的,如 HTTP、FTP、SMTP、TELNET 等。但是就目前而言,只有 HTTP 服务已经形成了标准的 Java 组件,其对应的软件包有两个——javax.servlet.http 和 javax.servlet.jsp,分别对应通常所说的 Servlet 和 JSP 编程。Servlet 也就是传说中的 HTTPServlet 的编程,JSP 最终都是要经过 JSP 引擎转换成 Servlet 代码。Sun 公司官方推荐 Tomcat 作为运行 Servlet 和 JSP 的容器,Tomcat 自带一个 Web 服务器,在操作系统上可以不必事先安装任何 Web 服务器。

Tomcat 是 Apache 软件基金会 Jakarta 项目中的一个核心项目,由 Apache、Sun 和其他一些公司及个人共同开发而成。有了 Sun 的参与和支持,最新的 Servlet 和 JSP 规范总是能够在 Tomcat 中得到体现。Tomcat 技术先进、性能稳定,而且免费,因而深受 Java 爱好者的喜爱并得到一些软件开发商的认可,从而成为比较流行的 Web 应用服务器。

Tomcat 是一个小型的轻量级的应用服务器,在中小型系统和并发访问用户不是很多的场合下普遍使用,是开发和调试 JSP 的首选之一。

用户可以从 Apache 公司的网站下载 Windows 平台的安装程序 apache - tomcat - 7.0.2.exe。双击该安装程序,按照向导提示进行安装。安装完毕后,需要配置系统变量 Java_Home 才能正常运行 Tomcat。方法如下。

选择“开始”→“设置”→“控制面板”→“系统”命令,在“系统属性”对话框中选择“高级”选项卡,单击“环境变量”按钮,弹出“环境变量”对话框,单击系统变量中的“新建”按钮,具体设置参见图 2-6。

配置好系统变量后就可以运行 Tomcat 服务器了。找到 Tomcat 下的 bin 目录,然后启动 startup. bat 就可以启动 Tomcat 了,这时会出现一个命令窗口,停止不动,并有一些运行成功的 Tomcat 和初始化信息,启动界面见图 2-13。

图 2-13　Tomcat 启动界面

Tomcat 启动成功后,还可以进一步测试,看 Tomcat 是否能正常工作。打开浏览器,在地址栏内输入"http://127.0.0.1:8080/"或者"http://localhost:8080/",就会出现 Tomcat 的欢迎界面,见图 2-14。

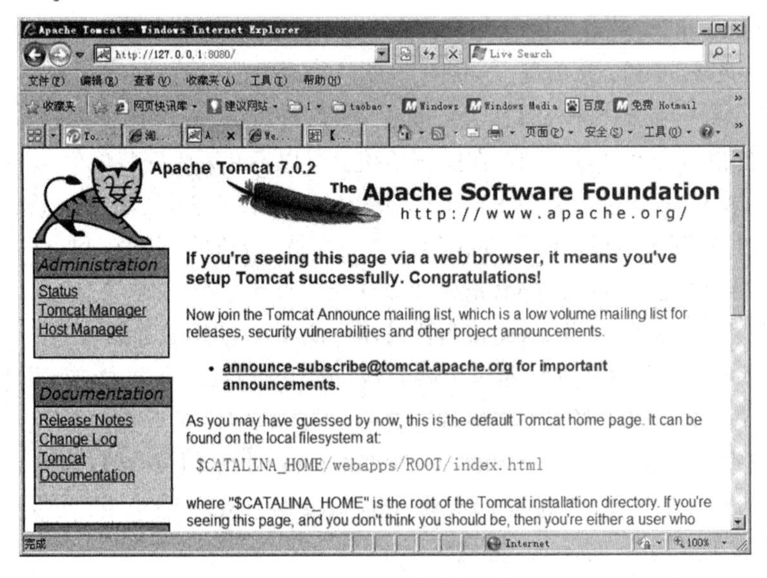

图 2-14　Tomcat 的欢迎界面

2.1.5 使用 Weblogic Server

Weblogic Server 是 BEA 公司开发的 Java 应用服务器系统程序，是用于开发、集成、部署和管理大型分布式 Web 应用、网络应用和数据库应用的 Java 应用服务器，并将 Java 的动态功能和 JavaEnterprise 标准的安全性引入大型网络应用的开发、集成、部署和管理之中。

BEA WebLogic Server 为构建集成化的企业级应用提供了稳固的基础，它们以互联网的容量和速度，在联网的企业之间共享信息、提交服务，以及实现协作自动化。BEA WebLogic Server 遵从 J2EE、面向服务的架构，具有丰富的工具集支持，便于实现业务逻辑、数据和表达的分离，提供开发和部署各种业务驱动应用所必需的底层核心功能；其综合性功能支持集成化基础结构，既能连接各种遗留系统，也能连接最新的 Web 服务。

BEA WebLogic Server 拥有处理关键 Web 应用系统问题所需的性能、可扩展性和高可用性。与 BEA WebLogic CommerceServerTM 配合使用，BEA WebLogic Server 可为部署具有适应性且个性化的电子商务应用系统提供完善的解决方案。

下面以 Weblogic Server 8.1 版本为例，简单介绍 Weblogic Server 的安装。

步骤 1：双击应用程序，运行安装，出现以下界面，见图 2-15。

图 2-15 Weblogic Server 安装界面

步骤 2：按照向导指示，连续单击“下一步”按钮，当出现图 2-16 中的界面时，取消勾选“运行 Quickstart”复选框，再单击“完成”按钮，即可完成整个安装过程。

图 2-16　Weblogic Server 安装完成界面

步骤 3:如果保持勾选“运行 Quickstart”复选框,会出现图 2-17 中的界面,这只是图形化的一个配置界面(也就是程序菜单的图形化)。为了更多地了解 Weblogic 的结构,建议暂时不要利用这个图形界面。

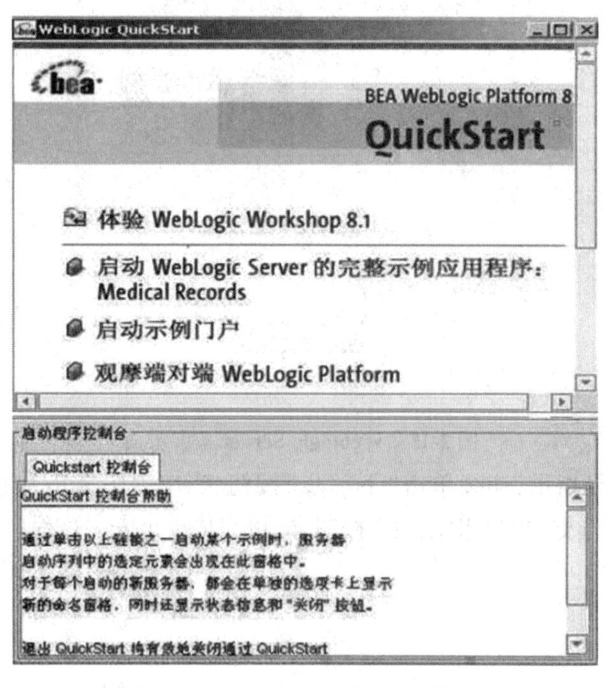

图 2-17　Weblogic QuickStart 界面

至此,软件安装全部完成。现在来测试安装的软件正确与否,同时也可以先运行 Weblogic 自带的 server Examples,感受一下 Weblogic 的壮观。通过运行"开始"菜单中的"Launch WebLogic Server Examples"查看启动状态后,在浏览器的地址栏中输入"http://localhost:7001/examplesWebApp/index. jsp",如果安装正确就能出现相关页面。

2.2 Java 语言的常用工具

Java 的应用越来越广泛,学习 Java 的人也越来越多。学过程序设计的人知道,使用 Basic 语言进行程序设计,可以使用 QBasic、Visual Basic 等开发工具;使用 C 语言进行程序设计,可以使用 Turbo C、Visual C++、C++ Builder 等开发工具。这些开发工具集成了编辑器和编译器,是集成开发工具,可以方便使用。学习 Java 程序设计,同样需要方便易用的开发工具。Java 的开发工具很多,而且各有优、缺点,初学者往往不知道有哪些常用的开发工具,或者由于面临的选择比较多而产生困惑。

要建立 Java 开发环境,离不开 Sun 的 Java2 SDK。1998 年 12 月,Sun 公司发布了 Java Software Development Kit(简称 Java2 SDK),目前的最新版本是 J2sdk - 1. 4. 2. 05. 可在 http://Java. sun. com 下载。根据运行平台的不同,下载相应的版本并设置好 Path 和 CLASSPATH。这个软件包提供了 Java 编译器、Java 解释器,但没有提供 Java 编辑器,因此,需要使用者自己选择一个方便易用的编辑器或集成开发工具。下面介绍适合初学者使用的 Java 开发工具,除了前面介绍过的记事本、UltraEdit、Eclipse,还有以下几种。

2. 2. 1 EditPlus

EditPlus 是共享软件,它的官方网址是 www. editplus. com,最新版本是 EditPlus 2. 12。EditPlus 也是功能很全面的文本、HTML、程序源代码编辑器,默认支持 HTML、CSS、PHP、ASP、Perl、C/C++、Java、javascript 和 VBScript 的语法着色。通过定制语法文件,还可以扩展到其他程序语言。可以在 EditPlus 的"Tools"菜单项的"Configure User Tools"子菜单项中配置用户工具,类似于 UltraEdit 的配置;配置好 Java 的编译器 javac 和解释器 java 后,通过 EditPlus 的菜单就可以直接编译执行 Java 程序了。基本配置见图 2-18。

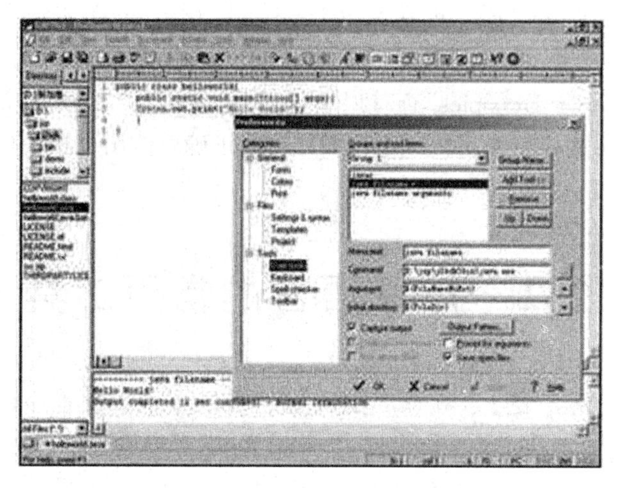

图 2-18　EditPlus 的配置及运行示例

2.2.2　JCreator

JCreator 是一个 Java 程序开发工具,也是一个 Java 集成开发环境(IDE)。无论是要开发 Java 应用程序或是要开发网页上的 Applet 元件,都难不倒它。它在功能上与 Sun 公司所公布的 JDK 等文字模式开发工具相较更为容易,还允许使用者自定义操作窗口界面及无限 Undo/Redo 等功能。

JCreator 为用户提供了相当强大的功能,如项目管理功能、项目模板功能等,可个性化地设置语法高亮属性、行数、类浏览器、标签文档、多功能编译器,还具有向导功能及完全可自定义的用户界面。通过 JCreator,可以不用激活主文档而直接编译或运行 Java 程序。该工具的最大特点是与个人计算机中所安装的 JDK 完美结合,是其他任何一款 IDE 所不能比拟的。它是一种初学者很容易上手的 Java 开发工具,缺点是只能进行简单的程序开发,不能进行企业 J2EE 的开发应用。图 2-19 所示是这个软件的应用示例。

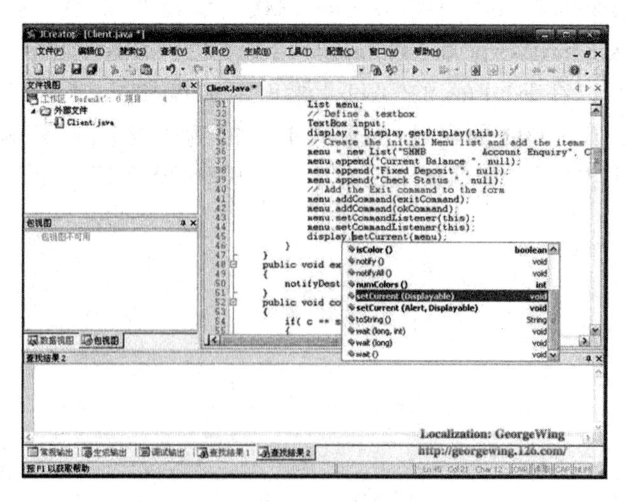

图 2-19　JCreator 的运行界面

2.2.3 JDeveloper

JDeveloper 不仅仅是很好的 Java 编程工具,而且是 Oracle Web 服务的延伸,支持 Apache SOAP 及 9iAS,可扩充的环境与 XML 和 WSDL 语言紧密相关。Oracle9i JDeveloper 完全利用 Java 编写,能够与以前的 Oracle 服务器软件及其他厂商支持 J2EE 的应用服务器产品相兼容,而且在设计时着重针对 Oracle9i,能够使跨平台之间的应用开发无缝化,提供了业界第一个完整地集成了 J2EE 和 XML 的开发环境,允许开发者快速开发可以通过 Web、无线设备及语音界面访问的 Web 服务和交易应用,以往只能通过将传统 Java 编程技巧与最新模块化方式结合到一个单一集成的开发环境中之后才能完成 J2EE 应用开发生命周期管理的事实从根本上得到改变。该工具的缺点是,对于初学者来说比较复杂,也比较难。该工具的运行界面见图 2-20。

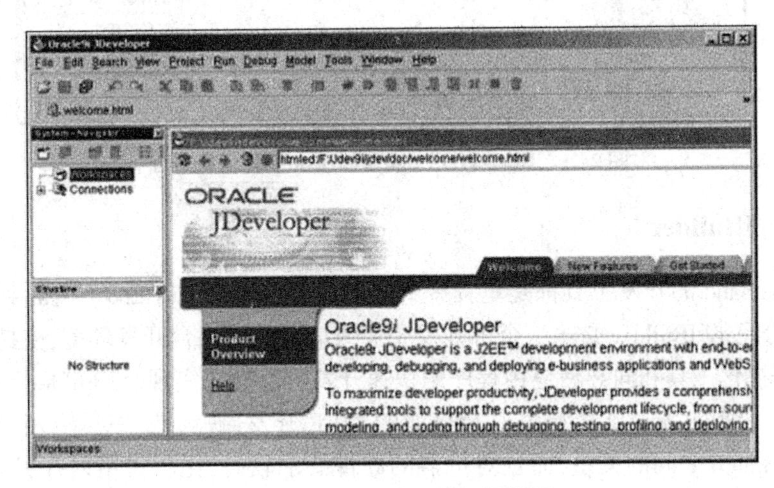

图 2-20 JDeveloper 的运行界面

2.2.4 BEA WebLogic Workshop

BEA WebLogic Workshop 是一个统一、简化、可扩展的开发环境,使所有的开发人员都能在 BEA WebLogic Enterprise Platform 之上构建基于标准的企业级应用,从而提高了开发部门的生产力水平,加快了价值的实现。

WebLogic Workshop 除了提供便捷的 Web 服务之外,还能够用于创建更多种类的应用,以及作为整个 BEA WebLogic Platform 的开发环境。不管是创建门户应用、编写工作流,还是创建 Web 应用,Workshop 8.1 都可以帮助开发人员更快、更好地完成。该工具的界面见图 2-21。

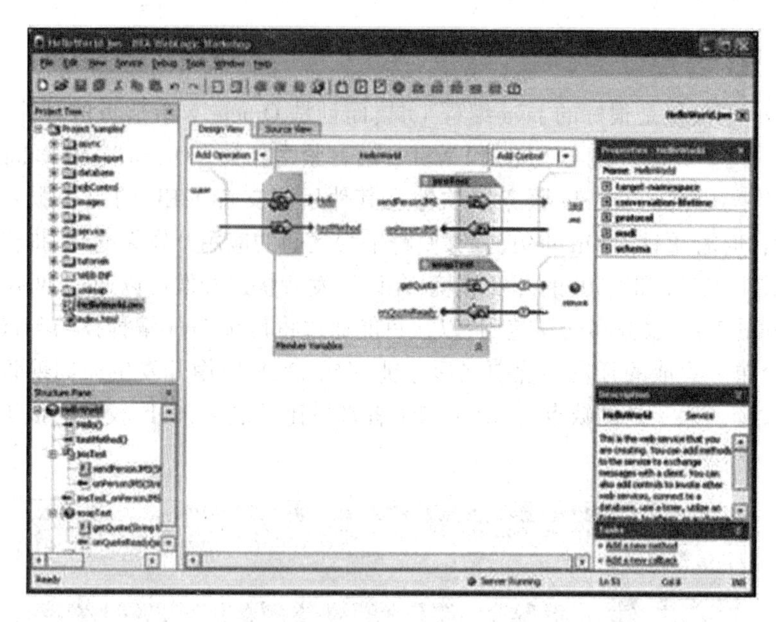

图 2-21　BEA WebLogic Workshop 的运行界面

2.2.5　JBuilder

有人说 Borland 的开发工具都是里程碑式的产品,从 Turbo C、Turbo Pascal 到 Delphi、C++ Builder 都十分经典,JBuilder 是第一个可开发企业级应用的跨平台开发环境,支持最新的 Java 标准,它的可视化工具和向导使应用程序的快速开发可以轻松实现。JBuilder 环境开发程序非常方便,它是纯的 Java 开发环境,适合企业的 J2EE 开发;缺点是,一开始人们往往难于把握整个程序各部分之间的关系,而且对机器的硬件要求较高,比较占用内存,运行速度显得较慢。该工具的运行界面见图 2-22。

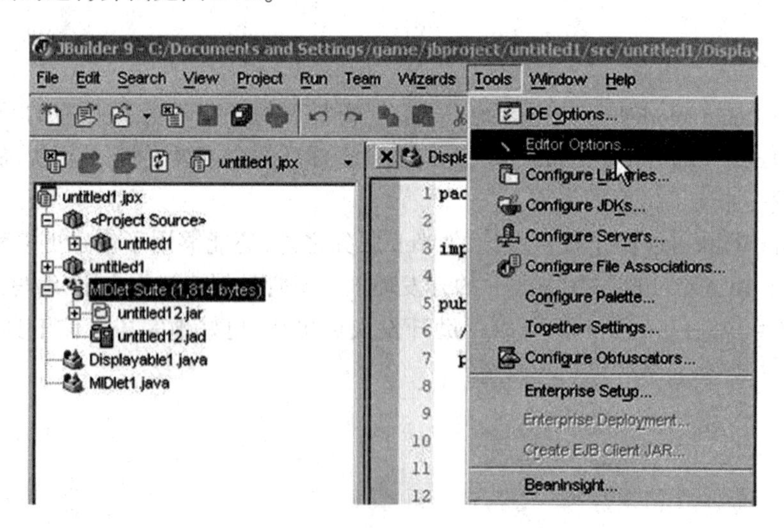

图 2-22　JBuilder 的运行界面

本章小结

本章主要讲解了如何构建 Java 语言运行环境及常用工具。通过对本章的学习，读者可以了解如何安装 JDK；知道代码编辑工具有记事本、UltraEdit 和 Eclipse 等，JDK 的工具有 javac 和 java 等；掌握如何构建 Servlet/JSP 运行环境和安装 Weblogic Server；掌握 Java 语言的常用工具 EditPlus、JCreator、JDeveloper、BEA WebLogic Workshop 和 JBuilder 等。

本章习题

一、选择题

1. 下面关于 Java 的应用程序的说法中错误的是(　　)。

A. Java Application 是独立的程序

B. Java Applet 嵌入 HTML 在浏览器中执行

C. Java Application 不是独立的应用程序

D. 以上说法都不对

2. 在当前的 Java 实现中，每个编译器中的单元都是一个以(　　)为后缀的文件。

A. java　　B. class　　C. doc　　D. exe

3. 在 Java 程序的执行过程中用到一套 JDK 工具，其中 appletviewer. exe 是指(　　)。

A. Java Applet 浏览器　　B. Java 调试器

C. Java 剖析工具　　D. Java 分解器

4. JDK 目录结构中不包含以下(　　)目录。

A. bin　　B. demo　　C. lib　　D. Inetpub

5. 以下不属于 Java Application 应用程序编写和执行步骤的是(　　)。

A. 编写源代码　　B. 编写 HTML 文件

C. 编译源代码　　D. 解释执行

二、简答题

1. 在 Windows 系统下安装 JDK，需要配置哪些系统变量？

2. 简述 Java 程序开发的步骤。

3. 常见的 Java 开发工具有哪些？

第 3 章　Java 编程

本章导读

Java 是一种面向对象编程语言，不仅吸收了 C++语言的各种优点，还摒弃了 C++里难以理解的多继承、指针等概念，因此 Java 语言具有功能强大和简单易用两个特征。Java 语言作为静态面向对象编程语言的代表，极好地实现了面向对象理论，允许程序员以优雅的思维方式进行复杂的编程。

本章目标

· Java 编程基础
· 流程控制结构
· Java 面向对象程序设计技术
· 例外处理和线程
· 输入/输出流的常用方法

3.1　Java 编程基础

3.1.1　Java 编程的基本结构

首先来看一个程序范例，见图 3-1。

```
import java.applet.Applet;
import java.awt.*;
public class GetSquare extends Applet
{
  Label label1;
  public void init() {
    label1=new Label("前３０个数的平方");
   add(label1);
  }
  public void paint(Graphics g) {
   for (int i=0; i<30; i++) {
     int x=i%10, y=i/10;
     g.drawString(String.valueOf((i+1)* (i+1)),
      20+30*x, 50+25*y);
   }
  }
}
```

Java包引入语句
类声明语句
成员变量
init方法
循环
paint方法
类体

图 3-1 编程结构的程序范例

程序虽然简单,但很值得花时间去熟悉它的框架,因为所有的 Java 应用程序都采用这样的结构。

一个 Java 程序可以包含一个或多个 Java 源文件,Java 源文件以 . java 作为扩展名。Java 语言的源程序代码由一个或多个编译单元(Compilation Unit)组成,每个编译单元只能包含以下三个部分的内容(空格和注释忽略不计)。

(1)零个或一个包声明语句(Package Statement).

(2)零个或多个包引入语句(Import Statement)。

(3)零个或多个类的声明(Class Declaration)。

这三类并不是必需的,但只要它们在源程序中出现,就必须按照上面的顺序来编写。

1. 包声明语句

package 语句必须位于 Java 源文件的第一行(忽略注释行)。

(1)包的命名规范。以包的名字作为标识符,通常采用小写,包名中可以包含以下信息。

① 类的创建者或拥有者的信息。

② 类所属的项目的信息。

③ 类在具体软件项目中所处的位置。

(2)JDK 提供的 Java 基本包有以下几种。

① java. lang 包:包含线程类(Thread)、异常类(Exception)、系统类(System)、整数类(Integer)和字符串类(String)等。

② java. awt 包:抽象窗口工具箱包。

③ java. io 包:输入/输出包。

④ java. util 包:提供一些实用类,如日期类(Date)和集合类(Collection)等。

2. 包引入语句

如果一个类访问了来自另一个包(java. lang 包除外)中的类,那么前者必须通过 import 语句把这个类引入。

3. 类的声明

类是 Java 中的一种重要的复合数据类型,是组成 Java 程序的基本要素,它封装了一类对象的状态和方法,是这一类对象的原形。一个类的实现包括两个部分,即类声明和类体。

(1)类声明

```
[public] [abstract|final] class className [extends superclassName]
[implements interfaceNameList]
{……}
```

其中,修饰符 public、abstract、final 说明了类的属性,className 为类名,superclassName 为类的父类的名字,interfaceNameList 为类所实现的接口列表。

(2)类体

类体定义如下。

```
class className{
[public|protected|private ] [static]
[final] [transient] [volatile] type
variableName;                                    //成员变量
[public|protected |private ] [static]
[final|abstract] [native] [synchronized]
returnType methodName([paramList]) [throws exceptionList]
  {statements}                                   //成员方法
}
```

3.1.2 Java 编程的语法规范

一个软件的生命周期中 80% 的花费在于维护,几乎没有一个软件在其整个生命周期中均由最初的开发人员来维护。编码规范可以改善软件的可读性,让程序员或维护人员尽快而且彻底地理解代码。为了执行规范,每个开发人员都应一致遵守语法和编码规范。Java 编程的语法规范分别介绍如下。

(1)Java 源文件。每个 Java 源文件仅仅包含一个公共类或接口。若私有类和一个公共类相关联,则可以将它们和公共类放入同一个源文件中。公共类必须是这个文件中的第一个类或接口。

(2)缩进。应该以 4 个空格作为一个缩进单位。

(3)行长。一行不应多于 80 个字符,因为很多终端和工具不能很好地对其进行处理。

(4)折行。当一个表达式不能写在一行时,应依据下面的原则断开它:在逗号后断开;在操作符前断开;宁可选择较高级别(higher-level)的断开,而非较低级别(lowerer-level)的断开;新的一行应该与上一行同一级别表达式的开头处对齐。

如果以上规则导致代码混乱或者使代码都堆挤在右边,则代之以缩进 8 个空格。

另外,Java 书写时还需要注意以下几点。

(1)类名:首字母大写。

(2)方法名和变量名:首字母小写。

(3)包名:采用小写形式。

(4)常量:采用大写形式。如果常量名由几个单词构成,单词之间以下划线“_”隔开,利用下划线可以清晰地分开每个大写的单词。

(5)//:用于单行语句注释;/* */:用于多行语句注释;/** */:用于多行语句注释。

(6)所有的关键字都是小写;程序中的标识符不能以关键字命名。

3.1.3 Java编程的数据类型

Java是强类型的编程语言,Java语言中数据类型的分类情况见图3-2。

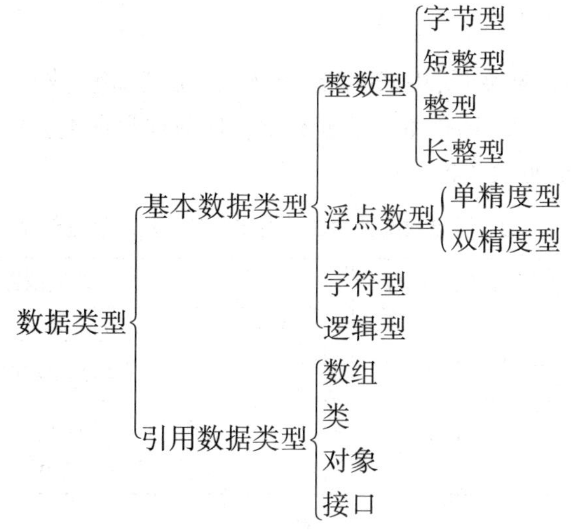

图3-2 Java中数据类型的分类情况

其中,“基本数据类型”是指最常用的整数型、浮点数型、字符型等,其数据占用内存的大小固定,在内存中存入的是数据本身;而“引用数据类型”在内存中存入的是引用数据的存放地址,而不是数据本身。

1. 整数型

简单来说,就是声明为整数型的常量或变量,用来存储整数,它包括字节型(byte)、短整型(short)、整型(int)、长整型(long)。这四种数据类型的区别是在内存中所占用的字节数不同,因此,它们所能够存储的整数的取值范围也不同,见表3-1。

表3-1 整数型数据占用内存的字节数及取值范围

数据类型	关键字	占用内存的字节数	取值范围
字节型	byte	1个字节	-128~127
短整型	short	2个字节	-32768~32767
整 型	int	4个字节	-2147483648~2147483647
长整型	long	8个字节	-9223372036854775808~9223372036854775807

整型常量默认具有int的类型。如果超过int型的最大值,则需要在最后加一个l或L,表示它是长整数类型。推荐使用“L”,因为“l”有时候无法和数字1区分开。例如,可以如下赋值。

long la=9876543210L;//所赋值超出了int型的取值范围,必须加上字母“L”

long lb=987654321L;//所赋值未超出int型的取值范围,可以加上字母“L”

long lc=987654321;//所赋值未超出int型的取值范围,也可以不必加上字母“L”

但是下面的代码是错误的。

long ld=9876543210;//所赋值超出int型的取值范围,不加上字母“L”就是错误的

2. 浮点数型

声明为浮点数的常量或变量,用来存储小数(也可以存储整数)。浮点数型包括单精度型(float)和双精度型(double)两种基本数据类型。这两种数据类型的区别在于它们在内存中所占用的字节数不同,见表3-2。

表3-2 浮点数型数据占用内存的字节数及取值范围

数据类型	关键字	占用内存的字节数	取值范围
单精度型	float	4个字节	-3.40282347E+38F ~ 3.40282347E+38F
双精度型	double	8个字节	-1.79769313486231570E+308 ~ 1.79769313486231570E+308

在为float型常量或变量赋值时,需要在所赋值的后面加上一个字母“F”或“f”;如果所赋值为整数,并且未超出int型的取值范围,也可以省略字母“F”或“f”。例如,可以如下赋值。

float fa=5678.99F; //所赋值为小数,必须加上字母“F”

float fb=9876543210F; //所赋值为整数并且超出了int型的取值范围,必须加上字母“F”

float fc=123F; //所赋值为整数并且未超出int型的取值范围,可以加上字母“F”

float fd=123; //所赋值为整数并且未超出int型的取值范围,也可以省略字母“F”

但下面的赋值就是错误的。

float fa=5678.99; //所赋值为小数,不加上字母“F”是错误的

float fb=9876543210; //所赋值为整数并且超出了int型的取值范围,不加字母“F”是错误的

在为double型常量或变量赋值时,需要在所赋值的后面加上一个字母“D”或“d”;如果所赋值为小数,或者为整数并且未超出int型的取值范围,也可以省略字母“D”或“d”。例

如,可以如下赋值。

```
double da=1234.67D;  //所赋值为小数,可以加上字母“D”
double db=1234.67;  //所赋值为小数,也可以省略字母“D”
double dc=1234D;  //所赋值为整数并且未超出 int 型的取值范围,可以加上字母“D”
double dd=1234;  //所赋值为整数并且未超出 int 型的取值范围,也可以省略字母“D”
double de=9876543210D;  //所赋值为整数并且超出 int 型的取值范围,必须加上字母“D”
```

但下面的赋值就是错误的。

```
double df=9876543210;  //所赋值为整数并且超出 int 型的取值范围,不加字母“D”是错误的
```

3. 字符型

声明为字符型的常量或变量,用来存储字符,它占用两个字节来存储字符。字符型利用关键字“char”声明,采用的是 Unicode 检索。

在为 char 型常量或变量赋值时,如果所赋的值为一个英文字母,或一个符号,或一个汉字,则必须将所赋的值放在英文状态下的一对单引号中。

```
char ca='A';  //将“A”赋值给 ca 变量
char cb='#';  //将“#”赋值给 cb 变量
char cc='中';  //将“中”赋值给 cc 变量
```

值得注意的是,因为 Java 把字符作为整数对待,并且可以存储 65 536 个字符,所以也可以将从 0 ~ 65535 的整数值赋值给 char 常量或变量,但是在输出时得到的并不是当初所赋的值。

```
char cd=88;  //将“88”赋值给变量 cd
system.out.println(cd);  //输出“cd”,得到的结果是“X”
```

4. 逻辑型

逻辑型常量或变量的逻辑值只有 true 和 false,分别用来代表真和假、通和断、是和否等对立状态。逻辑型常用“boolean”来声明。

```
boolean  flag;
flag=true;
```

5. 常量和变量

常量和变量在程序代码中随处可见。所谓“常量”,就是永远不会改变的量。Java 中的常量是用字符串表示的,需要用关键字“final”来修饰;而“变量”就是值可以被改变的量,不需要用任何关键字进行修饰。

(1) 常量。声明常量的方法如下。

```
final 常量类型 常量标识符;
final int AGE;  //声明一个 int 型常量
```

final float PIE; //声明一个 float 型常量

final int AGE=20; //声明一个 int 型常量,并且初始化为 20

final float PIE=3.14F; //声明一个 float 型常量,值为 3.14。在为 float 型常量赋值时,需要在数值的后面加上一个字母“F”或“f”

(2)变量。程序是要完成一定的功能的,一般都要使用变量来保存运算过程中产生的各种数据,变量必须在使用前声明,Java 语言不允许使用没有声明的变量。由于变量的基本特征包括变量名、类型、作用域等,声明变量时至少应指出变量名和数据类型。

声明变量的方法如下。

变量类型 变量标识符;

String name; //声明一个 String 型变量

int x ; //声明一个 int 型变量

String name="tang"; //声明一个 String 型变量,并将其初始化为“tang”

int x, y, z; //声明多个 int 型变量

使用变量时,一般要注意以下几点。

①不能使用未声明的变量。

②不能重复定义变量。

③保留字不能作为变量名。

④变量名尽量规范,做到见名知其意。

6. 运算符和表达式

在 Java 语言中,表达式是用+、-、*、/、% 等运算符号来连接的。这些运算符号被称为“运算符”,通常它的作用是规定某种法则,求出表达式的值。运算符主要有算术运算符、关系运算符、逻辑运算符、位运算符、赋值运算符、条件运算符等。

(1)算术运算符。常见的算术运算符有+、-、*、/、%、++、--。它们的主要作用对象是整数型和浮点数型数据。当整数型数据与浮点数型数据之间进行算术运算时,Java 会自动完成数据类型的转换,并且计算结果为浮点数型数据。Java 语言中算术运算符的功能及使用方法见表 3-3。

表 3-3 算术运算符

运算符	功能	举例	结果	结果类型
+	加法运算	10+0.5	10.5	double
-	减法运算	10-0.5F	9.5F	float
*	乘法运算	2*7	14	int
/	除法运算	15/3L	5L	long
%	求余运算	10%3	1	int

【例 3-1】在表达式中运用运算符(Eg1.java)。

```
public class Eg1{
public static void main(String[] args){
```

```
int i=5/3;
double j=5.0/3.0;
System.out.println("5/3="+i+"\t"+"5.0/3.0="+j);
int k=5% 3;
double p=5.5% 3.2;
System.out.println("5% 3="+k+"\t"+"5.5% 3.2="+p);
String s1="我是";
String s2="中国人";
String s3=s1+s2;
System.out.println("s3=s1+s2="+s3);
}
}
```

执行结果见图 3-3。

图 3-3 执行结果

注意:语句“System. out. println(" s3 = s1 +s2 = " +s3);”中的“+”是起连接两个字符串的作用。

【例 3-2】在表达式中运用运算符(Eg2. java)。

```
public class Eg2{
public static void main(String[] args){
int i=0;
int j=0;
j=i++;
System.out.println("执行 j=i++后,j="+j);
System.out.println("i="+i);
}
}
```

执行结果见图3-4。

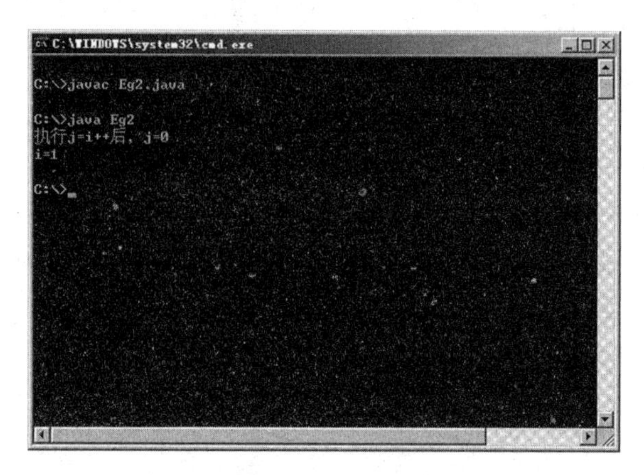

图3-4　执行结果

注意:“++”“--”是属于单目运算符。“++”表示变量值自增1,“--”表示变量值自减1。

(2)关系运算符。关系运算符用于判断两个操作数之间的关系,运算结果为一个布尔值(true或false)。Java定义了六种关系运算符,见表3-4。

表3-4　关系运算符

运算符	功能	可运算数据类型	举例	结果
<	小于	整数型、浮点数型、字符型	'x'<'y'	true
>	大于	整数型、浮点数型、字符型	3>5	false
<=	小于等于	整数型、浮点数型、字符型	'M'<=88	true
>=	大于等于	整数型、浮点数型、字符型	8>=7	true
==	等于	所有数据类型	'X'==88	true
!=	不等于	所有数据类型	true!=true	false

从表3-4可以看出,所有关系运算符均可以用于整数型、浮点数型、字符型,其中“==”和“!=”还可用于逻辑型和引用数据类型,即可以用于所有的数据类型。

(3)逻辑运算符。逻辑运算符用于对逻辑型数据进行运算,即true和false之间的运算,其结果仍为逻辑型。逻辑运算符有逻辑与(&&)、逻辑或(‖)、逻辑非(!)、逻辑异或(^)、逻辑同或(对异或取反即得同或)。与、或、非的运算结果见表3-5。

表3-5　逻辑运算符

A	B	&&	‖	!A	^	同或
true	true	true	true	false	false	true
true	false	false	true	false	true	false
false	true	false	true	true	true	false
false	false	false	false	true	false	true

(4)位运算符。位运算是对二进制位进行的运算,运算结果为整数型。位运算符有按位与(&)、按位或(|)、按位反(~)、按位异或(^)、移位运算符,其运算法则见表3-6。

表3-6 位运算符的运算法则

A	B	~A	&	|	^
0	0	1	0	0	0
0	1	1	0	1	1
1	0	0	0	1	1
1	1	0	1	1	0

【例3-3】逻辑位运算(Eg3. java)。

```
public class Eg3{
public static void  main(String[] args) {
short i=15&100;                    //运算结果为4,运算过程见图3-5
short j=3 | 6;                     //运算结果为7,运算过程见图3-6
short k=10^3;                      //运算结果为9,运算过程见图3-7
short m= ~(14);                    //运算结果为241,运算过程见图3-8
}
}
```

```
  0000 1111
& 0110 0100
-----------
  0000 0100
```

图3-5 15&100

```
  0000 0011
| 0000 0110
-----------
  0000 0111
```

图3-6 3 | 6

```
  0000 1010
^ 0000 0011
-----------
  0000 1001
```

图3-7 10^3

```
~ 0000 1110
-----------
  1111 0001
```

图3-8 ~14

移位运算符有<<(左移,低位添0补齐)、>>(右移,高位添符号位)、>>>(右移,高位添0补齐),用来对操作数进行移位运算。

【例3-4】移位运算符(Eg4. java)。

```
public class  Eg4{
public static void main(String[] args){
int i;
i=123;
system. out. println("i<<2 ="+(i<<2));//运算结果为492,运算过程见图3-9
system. out. println("i>>3 ="+(i>>3));//运算结果为15,运算过程见图3-10
```

```
system.out.println("i>>>3 ="+(i>>>3)); //运算结果为 15,运算过程见图3-11
}
}
```

```
     0000 0000 0111 1011
<<2    低位补0
     0000 0001 1110 1100
```

图 3-9　i<<2

```
     0000 0000 0111 1011
>>3    高位添符号位
     0000 0000 0000 1111
```

图 3-10　i>>3

```
      0000 0000 0111 1011
>>>3    高位添0
      0000 0000 0000 1111
```

图 3-11　i>>>3

注意:例子中 i<<2 的运算结果不是 236 而是 492,是因为 int 型的值占用 4 个字节(32 位)。

(5)赋值运算符。赋值运算的作用是将数据、变量或者对象赋给另一个变量或对象,用"="表示。

赋值运算符的应用举例如下。

```
int a=10;
    long  b=a;
    int c=10+20;
```

注意:赋值运算是从右往左进行的。"="两边的类型要一致或者右边的类型和左边的类型要兼容。如果类型不同,则右边的类型要自动转换成左边的类型,然后再赋值;若不能进行转换,则需要把右边的类型强制转换成左边的类型。

(6)条件运算符。条件运算是一个三目运算,其基本格式如下。

```
表达式 1? 表达式 2:表达式 3
```

当表达式 1 为真时,结果为表达式 2 的值;当表达式 1 为假时,结果为表达式 3 的值。

【例 3-5】条件运算符的应用(Eg5. java)。

```
public class Eg5{
public static void main(String[] args){
int i=5;
int j=10;
system.out.println("i 和 j 中的大值为"+(i>j? i:j));  //求 i 和 j 中的最大值
system.out.println("i 和 j 中的大的变量为"+(i>j?'I':' j'));  //求 i 和 j 中的最大变量名
}
}
```

运行结果见图 3-12。

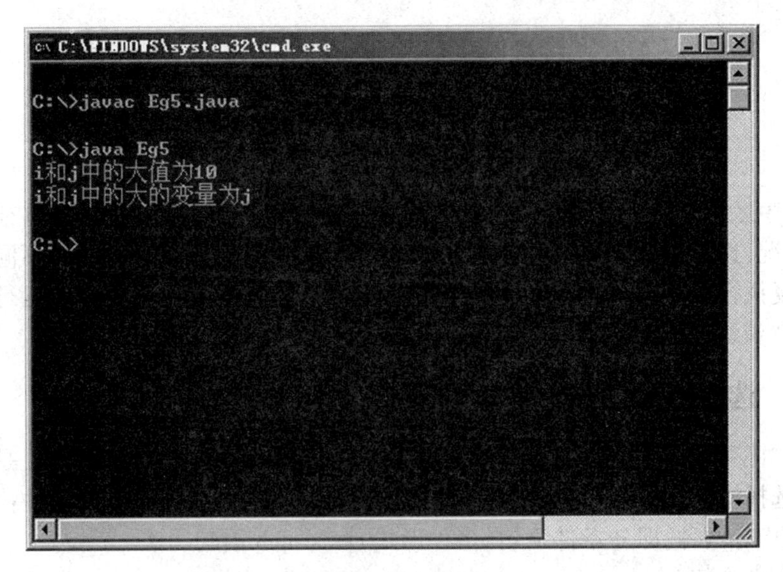

图 3-12 运行结果

当一个表达式中存在多个运算符进行混合运算时,会根据运算符的优先级别来决定执行顺序。处于同一级别的运算符,则按照它们的结合型,通常是从左向右;除掉赋值运算符的结合型为从右向左。见表 3-7。

表 3-7 Java 语言中运算符的优先级以及结合型

优先级	运算符	结合型
1	( ) [ ].	从左向右
2	! +(正) -(负) ~ ++ --	从右向左
3	* / %	从左向右
4	+(加) -(减)	从左向右
5	<< >> >>>	从左向右
6	< <= > >= instanceof	从左向右
7	= = ! =	从左向右
8	&(按位与)	从左向右
9	^	从左向右
10	|	从左向右
11	&&	从左向右
12	||	从左向右
13	? :	从右向左
14	=+= -= * = /= % = &= |= ^= ~ = <<= >>= >>>=	从右向左

3.2 流程控制结构

Java 程序运行时通常是按照语句排列的顺序自上而下来执行语句的,但有时程序会根据不同的情况,选择稍微复杂的语句结构来解决复杂的问题,这就需要选择不同的语句来执行,或者重复执行某些语句,或者跳转到某语句执行。这些根据不同的条件运行不同语句的方式被称为“流程控制”,它有三种结构,即顺序结构、选择结构、循环结构。

3.2.1 选择结构

在 Java 中,一般是按照写的顺序来运行的,这种运行被称为“顺序运行”,是程序流的默认方向;而选择结构是对语句中不同条件的值进行判断,从而根据不同的条件执行相应的语句。选择结构有两种,即 if 条件语句(多种形式)和 switch 语句。

(1) if 条件语句

①if 形式 1。它的一般形式如下。

```
if(条件表达式){
语句序列
}
```

这种语句通常是当条件表达式为真时就执行语句序列。

②if 形式 2。它的一般形式如下。

```
if(条件表达式){
语句序列 1
}
else
{
语句序列 2
}
```

这种语句通常是当条件表达式为真时就执行语句序列 1,反之则执行语句序列 2。

③if 形式 3。它的一般形式如下。

```
if(条件表达式 1){
语句序列 1
}
Elseif(条件表达式 2){
语句序列 2
}
else{
语句序列 n
}
```

这种语句通常是用于针对某种事物的多种情况进行处理。例如,如果今天是周六,就休息;如果今天是周日,就去购物;否则,照常上班。

④if 语句的嵌套。"if 语句的嵌套"是指 if 语句中又包含了一个或多个 if 语句,这样的语句一般是用于比较复杂的选择语句中。它的一般形式如下。

```
if(条件表达式 1){
if(条件表达式 2){
语句序列 1
}
else{
语句序列 2
}
}
else{
语句序列 3
}
```

例如,如果学生考了 90 分以上,等级为优;如果考了 80 ~ 89 分,等级为良;如果少于 60 分,等级为不合格;其余均定为合格。

【例 3-6】用 if 嵌套实现(Eg6. java):成绩≥90 分为优,成绩在 80 ~ 89 分为良,成绩在 60 ~ 79 分为合格,成绩<60 分为不合格。

```
public class Eg6{
    public static void main(String[] args){
    int cj=77;
    if(cj>=80){
      if(cj>=90){
      System.out.println("成绩等级为:优");
      }
    else{
     System.out.println("成绩等级为:良");
    }
   }
  else{
    if(cj>=60){
     System.out.println("成绩等级为:合格");
     }
     else{
       System.out.println("成绩等级为:不合格");
      }
    }
  }
}
```

程序运行结果见图3-13。

图3-13　运行结果

(2)switch语句。对于例3-6,无论有多少个分支,理论上都是可以用if嵌套来实现的,但是嵌套层次过多容易造成程序结构不清晰,这时可以用swtich语句来实现多种分支结构,使程序简明、清晰。

switch语句的一般形式如下。

```
switch(表达式){
case n1:
语句序列1
break;
case n2:
语句序列2
break;
……
case nn:
语句序列n
break;
default:
语句序列n+1
}
```

其中:

①switch语句中的表达式必须是整数型或字符型,即int、byte、char型。

②default是可选参数,如果无该参数,并且所有常量值与表达式的值不匹配,那么switch语句就不会进行任何操作。

③break主要用于语句跳转。

【例3-7】用switch语句实现在屏幕上显示月份的英语单词(Eg7.java)。

```
public class Eg7{
public static void main(String[] args){
int month=9;
switch(month){
        case 1:System.out.println("January");break;
        case 2:System.out.println("February");break;
        case 3:System.out.println("March");break;
        case 4:System.out.println("April");break;
        case 5:System.out.println("May");break;
        case 6:System.out.println("June");break;
        case 7:System.out.println("July");break;
        case 8:System.out.println("August");break;
        case 9:System.out.println("September");break;
        case 10:System.out.println("October");break;
        case 11:System.out.println("November");break;
        case 12:System.out.println("December");break;
        }
    }
}
```

程序运行结果见图 3-14。

图 3-14 运行结果

注意:在程序开发的过程中,具体如何使用 if 和 switch 语句要根据实际的情况而定。对于判断条件少的,可以用 if 语句;而对于多种条件判断的,用 switch 为好。

3.2.2 循环结构

循环语句是重复执行某段程序代码,直到循环条件不满足为止。在 Java 中循环语句有三种形式,即 for 循环、while 循环、do-while 循环。

(1)for 循环语句。for 循环是最常用的循环语句,一般用在循环次数已知的情况下。例如,计算 1+2+3+…+100,就需要累加 100 次,即循环 100 次。for 循环的一般形式如下。

```
for(初始化循环变量;循环条件;迭代语句){
循环体;
}
```

for 循环的执行过程为:先初始化循环变量,然后测试循环变量是否满足循环条件,如果满足就执行循环体,然后执行迭代语句,改变循环变量的值,接着再测试循环变量是否满足循环条件,直到循环变量不满足循环条件为止。for 循环语句的执行过程见图 3-15。

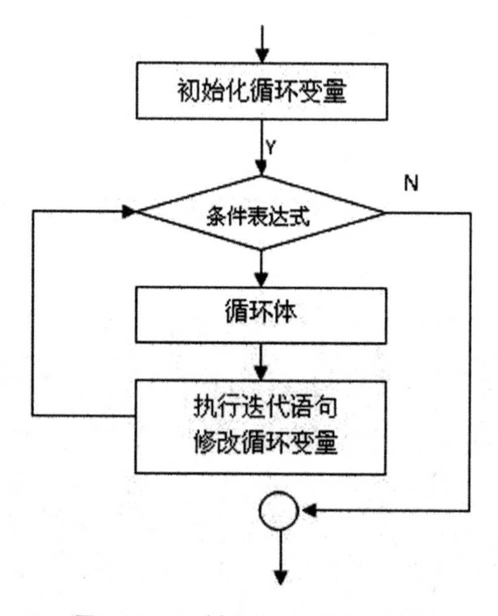

图 3-15　for 循环语句的执行过程

【例 3-8】用 for 循环实现打印 1 ~ 10 的所有整数(Eg8. java)。

```
public class Eg8{
public static void main(String arg[]){
 System.out.println("10 以内的所有整数为:");
 for(int i=1;i<=10;i++){
  System.out.println(i);
  }
 }
}
```

运行结果见图 3-16。

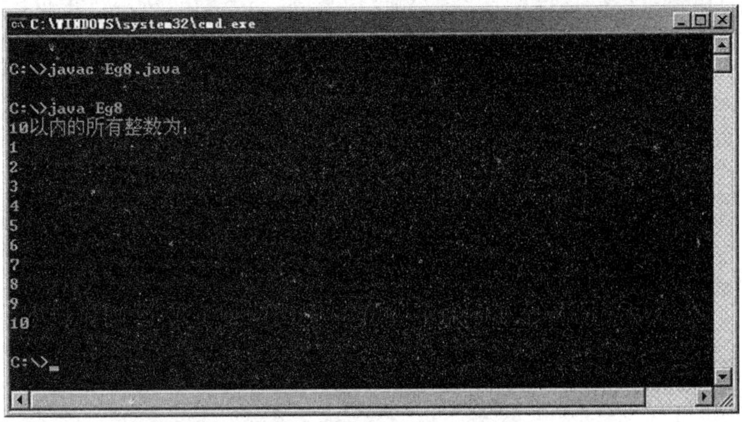

```
C:\WINDOWS\system32\cmd.exe

C:\>javac Eg8.java

C:\>java Eg8
10以内的所有整数为:
1
2
3
4
5
6
7
8
9
10

C:\>_
```

图 3-16 for 循环的运行结果

【例 3-9】用 for 循环实现打印两个循环变量的值的变化(Eg9. java)。

```
public class Eg9{
public static void main(String[] args){
   for(int i=1,j=i+10;i<5;i++,j=i* 2){
   System.out.println("i="+i+"j="+j);
   }
  }
}
```

运行结果见图 3-17。

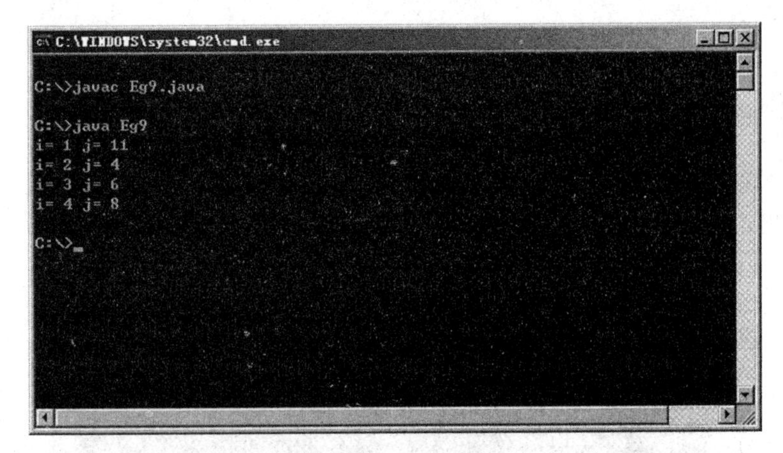

图 3-17 运行结果

(2) while 循环语句。while 循环的格式如下。

```
while(循环条件)
{
循环体;
}
```

当循环条件值是 true 时则执行循环体;当到达循环体末尾时会再次执行循环体,直到循

环条件为 false,开始执行循环体后面的语句。while 循环语句的执行过程见图 3-18。

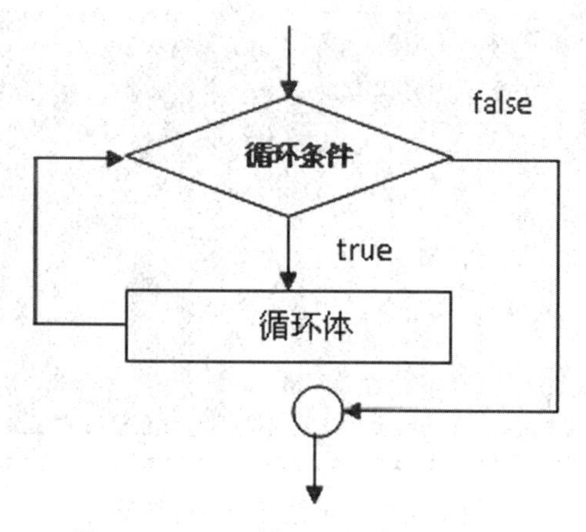

图 3-18　while 循环语句的执行过程

【例 3-10】计算 1 ~99 的整数和(Eg10. java)。

```
public class Eg10{
public static void main(String[] args){
    int sum=0;
    int i=1;
    while(i<100)
    {
    sum+=i;
    i++;
    }
    System.out.println("1+2+3+…+99="+sum);
  }
 }
```

运行结果见图 3-19。

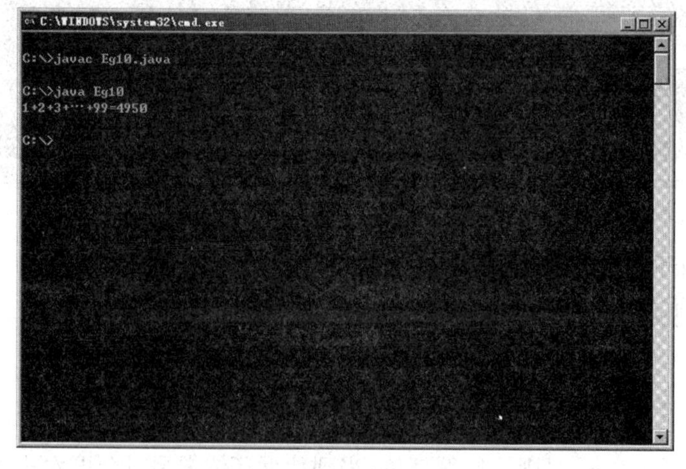

图 3-19　运行结果

(3)do-while 循环语句。有时候希望把循环条件放到循环体的后面,这时可以采用 do-while 循环。它的执行过程见图 3-20,基本格式如下。

```
do
{
循环体;
}
while(循环条件)
```

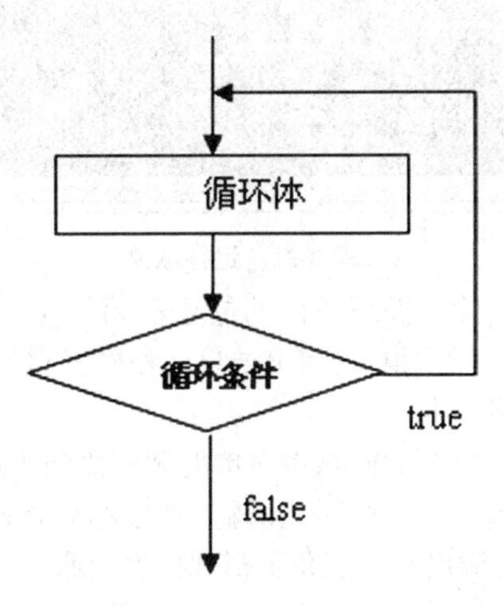

图 3-20 do-while 循环语句的执行过程

【例 3-11】计算 1 ~99 的整数和(Eg11. java)。

```
public class Eg11{
  public static void main(String[] args){
  int sum=0;
  int i=0;
  do{
  sum+=i;
  i++;
  }while(i<100);
  System.out.println("1+2+3+…+99="+sum);
  }
}
```

运行结果见图 3-21。

```
C:\WINDOWS\system32\cmd.exe
Microsoft Windows XP [版本 5.1.2600]
(C) 版权所有 1985-2001 Microsoft Corp.

C:\Documents and Settings\Administrator>cd\

C:\>javac Eg11.java

C:\>java Eg11
1+2+3+…+99=4950

C:\>
```

图 3-21　运行结果

从上面的例子可以看到,除了循环条件的位置不同外,do-while 结构和 while 结构是一致的。一般情况下,它们的循环体相同,输出结果就相同,但是如果 while 后面的表达式一开始是 false,那么它们的结果则不同。

注意:有的时候一些比较复杂的问题靠简单的循环语句不好解决,这时可以使用嵌套循环语句,即外循环的循环体包括另一个循环语句(外层的循环被称为“外循环”,内层的循环被称为“内循环”)。例如,要输出一个三角形形式的九九乘法表(如下所示),就可以使用循环嵌套。

1×1=1

2×1=2 2×2=4

3×1=3 3×2=6　3×3=9

4×1=4 4×2=8　4×3=12 4×4=16

5×1=5 5×2=10 5×3=15 5×4=20 5×5=25

6×1=6 6×2=12 6×3=18 6×4=24 6×5=30 6×6=36

7×1=7 7×2=14 7×3=21 7×4=28 7×5=35 7×6=42 7×7=49

8×1=8 8×2=16 8×3=24 8×4=32 8×5=40 8×6=48 8×7=56 8×8=64

9×1=9 9×2=18 9×3=27 9×4=36 9×5=45 9×6=54 9×7=63 9×8=72 9×9=81

【例 3-12】输出一个三角形形式的九九乘法表(Eg12. java)。

```
int i,j,k;
for(i=1;i<10;i++)
    {  for(j=1;j<=i;j++)
       {
          System.out.print(j+"* "+i+"="+ j* i);
          System.out.print("  ");
       }
      System.out.print("\n");
    }
 }
```

运行结果见图 3-22。

```
C:\WINDOWS\system32\cmd.exe

C:\>javac Eg12.java

C:\>java Eg12
1*1=1
1*2=2  2*2=4
1*3=3  2*3=6  3*3=9
1*4=4  2*4=8  3*4=12  4*4=16
1*5=5  2*5=10  3*5=15  4*5=20  5*5=25
1*6=6  2*6=12  3*6=18  4*6=24  5*6=30  6*6=36
1*7=7  2*7=14  3*7=21  4*7=28  5*7=35  6*7=42  7*7=49
1*8=8  2*8=16  3*8=24  4*8=32  5*8=40  6*8=48  7*8=56  8*8=64
1*9=9  2*9=18  3*9=27  4*9=36  5*9=45  6*9=54  7*9=63  8*9=72  9*9=81

C:\>
```

图 3-22　运行结果

3.2.3　跳转语句

Java 支持三种跳转语句：break、continue 和 return。这些语句把控制转移到程序的其他部分。下面对每一种语句进行讨论。

(1) break 语句。在 Java 中，break 语句有三种作用：第一，在 switch 语句中，它被用来终止一个语句序列；第二，它能被用来退出一个循环；第三，它能作为一种“先进”的 goto 语句来使用。下面对后面两种用法进行解释。

①终止一个语句序列。可以使用 break 语句直接强行退出循环，忽略循环体中的任何其他语句和循环的条件测试。在循环中遇到 break 语句时，循环被终止，程序控制在循环后面的语句重新开始。下面是一个简单的例子，可以使用 break 语句直接强行退出循环，忽略循环体中的任何其他语句和循环的条件测试。

【例 3-12】break 语句举例（BreakLoop. java）。

```
public class BreakLoop
   for(int i=0;i<100;i++){
    if(i==10) break;
    System.out.println("i:"+i);
   }
  System.out.println("Loopcomplete.");
  }
}
```

运行结果见图 3-23。

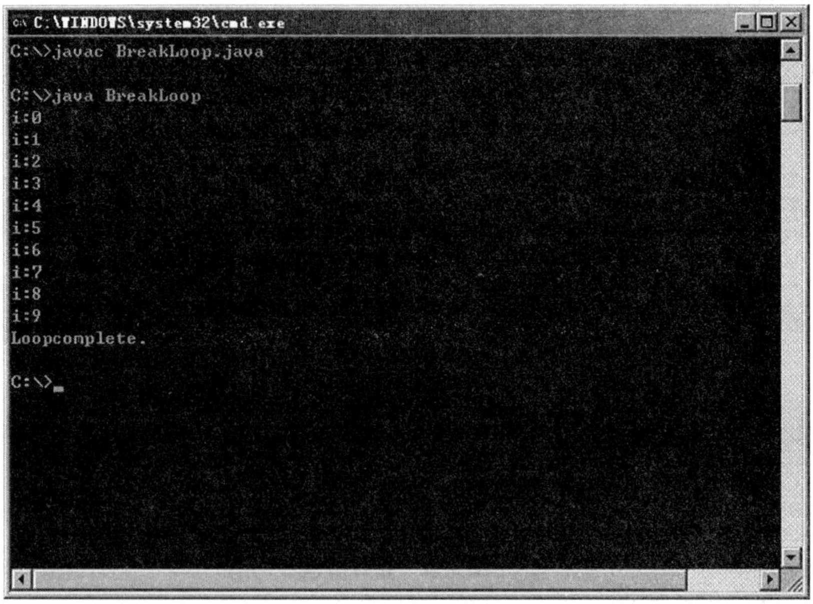

```
C:\WINDOWS\system32\cmd.exe
C:\>javac BreakLoop.java

C:\>java BreakLoop
i:0
i:1
i:2
i:3
i:4
i:5
i:6
i:7
i:8
i:9
Loopcomplete.

C:\>_
```

图 3-23　运行结果

注意:break 不是被设计用来提供一种正常的循环终止的方法。循环的条件语句是专门用来终止循环的,只有在某类特殊的情况下,才用 break 语句来取消一个循环。

②当作 goto 语句的一种形式来使用。Java 中没有 goto 语句,因为 goto 语句提供了一种改变程序运行流程的非结构化方式,这通常使程序难以理解和难于维护,也阻止了某些编译器的优化。但是,有些地方 goto 语句对于构造流程控制是有用的而且是合法的。例如,从嵌套很深的循环中退出时,goto 语句就很有帮助。因此,Java 定义了 break 语句的一种扩展形式来处理这种情况。通过使用这种形式的 break 语句,可以终止一个或者几个代码块。这些代码块不必是一个循环或一个 switch 语句的一部分,它们可以是任何的块。此外,这种形式的 break 语句带有标签,可以明确指定执行从何处重新开始。用户可以看到 break 语句带来的是 goto 语句的益处,而舍弃了 goto 语句的麻烦。

【例 3-13】break 语句举例(BreakLoop1. java)。

```
public class BreakLoop1{
 public static void main(String args[ ]){
    for(int i=0;i<3;i++){
     System.out.print("Pass"+i+":");
     for(int j=0;j<100;j++){
       if(j==10) break;
          System.out.print(j+"");
        }
        System.out.println();
     }
```

```
    System.out.println("Loops complete.");
    }
  }
```

运行结果见图3-24。

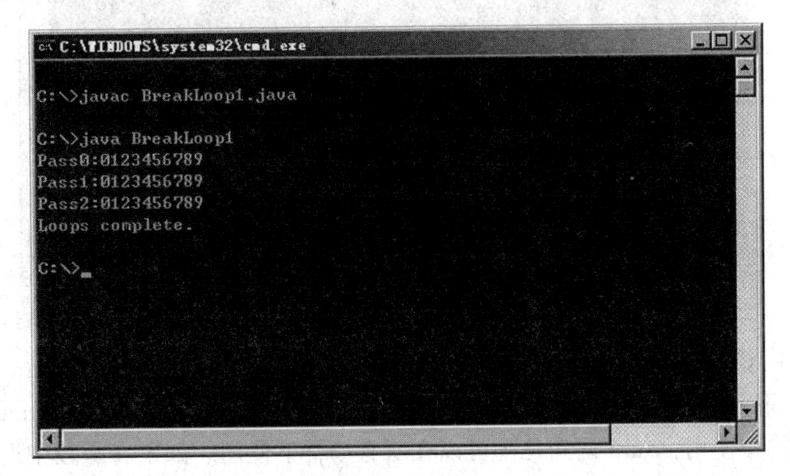

图3-24 运行结果

(2)continue语句。有时强迫一个循环提早反复是有用的,也就是说,用户可能想要继续运行循环,但是要忽略这次重复剩余的循环体的语句。实际上,goto语句只不过是跳过循环体,到达循环的尾部。continue语句是break语句的补充,在while和do while循环中,continue语句使控制直接转移给控制循环的条件表达式,然后继续循环过程;在for循环中,循环的反复表达式被求值,然后执行条件表达式,循环继续执行。

【例3-14】输出数字,每行打印两个数字(Eg13.java)。

```
public class Eg13{
  public static void main(String args[]){
    for(int i=0;i<10;i++){
      System.out.print(i);
     if(i%2==0)  continue;
     System.out.println();
     }
    }
}
```

该程序使用(模)运算符来检验变量i是否为偶数,如果是,循环继续执行而不输出一个新行。

运行结果见图3-25。

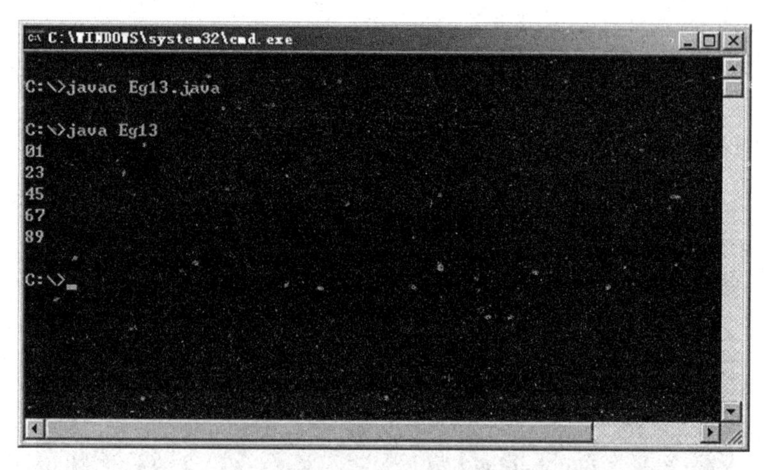

图 3-25　运行结果

(3) return 语句。return 语句用来明确地从一个方法返回,也就是说,return 语句使程序控制返回到调用它的方法,因此,将它分类为跳转语句。上述的 break 和 continue 语句只能在一定的结构中使用,return 语句几乎可以在所有场合下使用。如果在函数中遇到 return 语句,就意味着程序返回调用这个函数的程序;如果在主函数中遇到 return 语句,则程序执行结束。return 语句通常位于一个方法体的最后一行,有带参数和不带参数两种形式,带参数形式的 return 语句退出该方法并返回一个值。

【例 3-15】计算长方形的面积(Eg14. java)。

```
public class Eg14{
  static double Area_rectangle(double c,double k){
    return c*k;
  }
public static void main(String args[]){
   double c1=20,c2=30,k1=40,k2=50;
   System.out.println("长方形1 的面积为:"+Area_rectangle(c1,k1));
   System.out.println("长方形2 的面积为:"+Area_rectangle(c2,k2));
  }
}
```

运行结果见图 3-26。

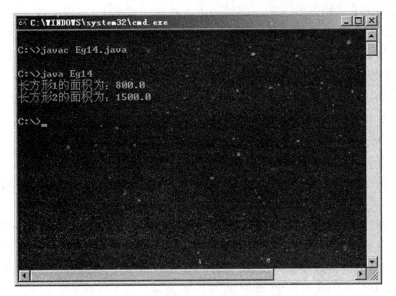

图 3-26　运行结果

3.3　Java 面向对象程序设计技术

3.3.1　面向对象程序设计

1. 面向对象的概念

对象是一些相关的变量和方法的软件集。软件对象经常用于模仿现实世界中人们身边的一些对象。对象是理解面向对象技术的关键,每个对象基本上都有自己的名字、属性和可以提供的服务(行为)。在学习之前可以看看现实生活中的对象,如树、狗、桌子、电视、自行车等。可以发现,现实世界中的对象有两个共同特征:状态和行为。例如,狗有自己的状态(如名字、颜色、生育及饥饿等)和行为(如摇尾巴等),同样,自行车也有自己的状态(如当前档位、两个轮子等)和行为(如刹车、加速、减速及改变档位等)。因此,对象就是一种抽象数据类型,和 int、char 等基本数据类型一样,都是一种数据类型。

面向对象是一种新兴的程序设计方法,或者说它是一种新的程序设计范型,其基本思想是使用对象、类、继承、封装、消息等基本概念来进行程序设计。

这里有一个常见的误区,不光是初学者,有些干了几年的程序员也是这样,以为用 Java 写东西就是面向对象,这是错误的。

那么面向对象到底是什么呢? 能够明确给出的概念非常少,但是可以分析一下。将它与面向过程的思想作一个比较:面向过程是指,在考虑问题时,以一个具体的流程(事务过程)为单位,考虑它的实现过程;面向对象是指,在考虑问题时,把任何东西都看作是对象,以对象为单位,考虑它的属性及方法。好比一个木匠做一把凳子,如果他是面向过程的木匠,他会想到制作凳子的过程,先做什么呢?凳子腿?凳子板?用什么工具呢?如果他是面向对象的木匠,他会把所有的东西看作对象,有凳子腿、凳子板两个对象。凳子腿有属性,长方体,长度、宽度各是多少厘米,有方法钉钉子;凳子板有属性,正方体,边长是多少厘米等。这样,面向对象的木匠会依据这些条件,将一把凳子的各个部分组装在一起。最终目的是做成一把凳子,用什么思想方法去做是值得研究的。

通过刚才的例子会得到一种感觉,面向对象的木匠会对事物量化地分析,用"数学"的方法处理问题,好像它更具有进步意义。面向对象的思想也确实有着它的先进之处,它是从现实世界中客观存在的事物(即对象)出发来构造软件系统,并在系统构造中尽可能运用人类的自然思维方式,强调直接以问题域(现实世界)中的事物为中心来思考问题、认识问题,并根据这些事物的本质特点,把它们抽象地表示为系统中的对象,作为系统的基本构成单位(而不是用一些与现实世界中的事物相距比较远,并且没有对应关系的其他概念来构造系统),这可以使系统直接地映射问题域,保持问题域中的事物及其相互关系的本来面貌。面向对象的软件开发也因此成为20世纪90年代直到现在的主流开发技术。

2. 面向对象程序设计的特点

(1)封装性。面向对象的程序设计语言是把数据和处理数据的操作结合在一起而构成一个整体,这就是对象。对象的使用者只能看到对象的外部特性,例如,其主要功能、如何调用等,而看不到内部如何实现这些功能。作为面向对象的程序设计语言,程序中的数据就是"变量",程序对数据作处理则被称为"方法",变量和方法都被封装在对象中。因此,一个对象就是变量和方法的集合,其中,变量表明这个对象的状态,方法实现这个对象所具有的行为,而且在程序中将这些变量和方法进行封装,使它们成为一个模块,再用一个名字来代表这个模块。这样,在以后的更高层的程序设计中,就不必关心某个对象的行为到底是怎样实现的。可见,将对象封装是为了使模块尽可能少地展现其内部细节,并以一种界面来面向外部。对象的封装性减少了程序各部分之间的依赖,使程序的复杂性降低,而可靠性提高,更便于修改。

例如,一部手机就是一个封装的对象,当使用手机拨打电话时,只需要使用它提供的键盘输入电话号码,并按下发送键即可,而不需要知道手机内部是如何工作的。

(2)继承性。在面向对象的程序设计中,对象是从类创建出来的。

在Java中,许多类组成层次化结构。一个类的上一层被称为"父类",而下一层被称为"子类"。一个类可以继承其父类的变量和方法,而且这种继承具有传递性。也就是说,一个类可以继承其上一层和其再上一层的变量和方法。这种可传递的继承性使得下层多个相似的对象可以共享上层类的数据和程序代码,而子类又可以在继承父类的基础上增添新的内容和功能。这种代码共享和代码可增添的继承特性使Java既灵活方便又可提高效率。

例如,已经存在一个手机类,该类中包括两个方法,分别是接听电话的方法receive和拨打电话的方法send,这两个方法对任何手机都适用。现在需要定义一个时尚手机类,该类中除了要包括普通手机类包括的receive和send方法外,还需要包括拍照方法photograph、视频摄录的方法kinescope和播放MP4的方法playmp4,这时就可以通过先让时尚手机类继承手

机类,然后再添加新的方法,从而完成时尚手机类的创建,见图 3-27。由此可见,继承性简化了对新类的设计。

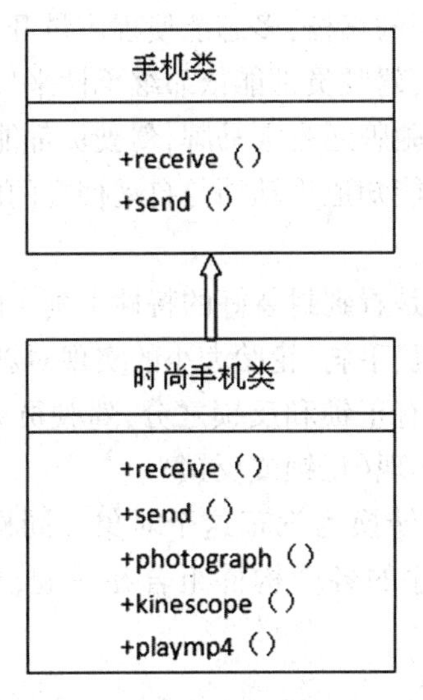

图 3-27 手机和时尚手机的类图

(3)多态性。多态是面向对象程序设计的又一重要特征。它是指在父类中定义的属性和方法被子类继承之后,可以具有不同的数据类型或表现出不同的行为,这使得同一个属性或方法在父类及其各个子类中具有不同的语义。

例如,定义一个动物类,该类中存在一个指定动物的行为叫喊();再定义两个动物类的子类——大象和老虎,这两个类都重写了父类的叫喊(),实现了自己的叫喊行为,并且都进行了相应的处理(如不同的声音),见图 3-28;在动物园类中执行使动物叫喊()时,如果参数为动物类的实现,就会使动物发出叫声(如果参数为大象,会输出"大象的吼叫声";如果参数为老虎,则会输出"老虎的吼叫声")。由此可见,动物园类在执行使动物叫喊()时,根本不用判断应该去执行哪个类的叫喊(),因为 Java 编译器会自动根据所传递的参数进行判断,根据运行时对象的类型不同而执行不同的操作。

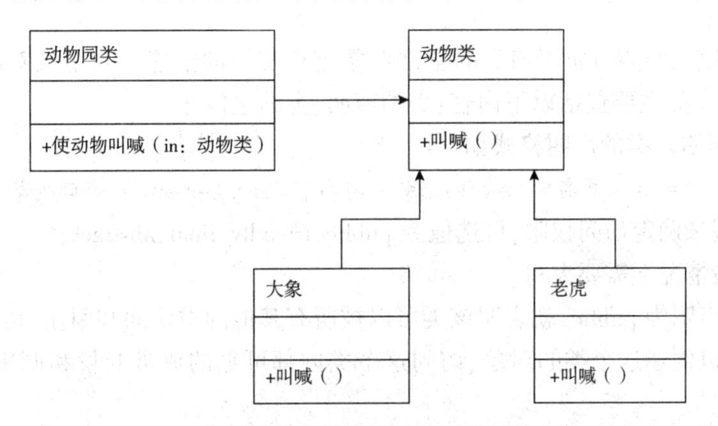

图 3-28 动物类之间的继承关系

下面再讲一个封装、继承、多态组合起来的例子。

在由封装、继承、多态所组成的环境中,程序员可以编写出比面向过程模型更健壮、更具扩展性的程序。经过仔细设计的类的层次结构是重用代码的基础。封装能让程序员不必修改公有接口的代码即可实现程序的移植;多态能使程序员开发出简洁、易懂、易修改的代码。

例如汽车,从继承的角度看,驾驶员都能依靠继承性来驾驶不同类型(子类)的汽车。无论这辆车是轿车还是卡车,是奔驰牌还是宝马牌,驾驶员都能找到方向盘、手刹、换档器。经过一段时间的驾驶后,驾驶员都能知道手动档与自动档之间的差别,因为他们实际上都知道这两者的共同超类:传动装置。

从封装的角度看,驾驶员总是看到封装好的特性。刹车隐藏了许多复杂性,其外观如此简单,用脚就能操作刹车,发动机、手刹、轮胎大小的实现对刹车类的定义没有影响。

从多态的角度看,刹车系统有正锁和反锁之分,驾驶员只用脚踩刹车停车,同样的接口可以被用来控制若干种不同的实现(正锁或反锁)。

这样,各个独立的构件才被转换为汽车这个对象。同样,通过使用面向对象的设计原则,程序员可以把一个复杂程序的各个构件组合在一起,形成一个一致、健壮、可维护的程序。

3.3.2 类和对象

把客观世界中的事物映射到面向对象的程序设计中,就是对象。对象是面向对象的程序设计中用来描述客观事物的程序单位。

客观世界中的许多对象,无论是其属性还是其行为,常常有许多共同性,抽象出这些对象的共同性便可以构成类。类是对象的抽象和归纳,对象是类的实例。在一个面向对象的系统中,对象是对现实世界中事物的抽象,是 Java 程序的基本封装单位,是类的实例;类是对象的抽象,是数据和操作的封装体;属性是事物静态特征的抽象,在程序中用数据成员加以描述;操作是事物动态特征的抽象,在程序中用成员方法来实现。

1. 定义类

在面向对象的编程语言中,类是一个独立的程序单位,是具有相同属性和方法的一组对象的集合。

类的概念使人们能对属于该类的全部对象进行统一的描述。在定义对象之前,应先定义类。一个 Java 类主要包括以下内容:类的声明、类的主体。

(1)类的声明。类的声明格式如下:

```
[修饰符] class <类名> [extends 父类名] [implements 接口列表]{}
```

修饰符:用来确定访问权限,可选值为 public、friendly、final、abstract。

类名:一般情况下需要大写。

一个类被声明为 public,就表明该类可以被所有其他的类访问和引用,也就是说,该程序的其他部分可以创建这个类的对象、访问这个类内部可见的成员变量和调用这个类的可见方法。

friendly 是 Java 中默认的修饰符,如果类的修饰符在这个位置上什么都不写,那么这个访问权限就被默认为 friendly。

如果一个类被声明为 final,那么就意味着它不能再派生出其他新的子类。换句话说,它不能作为父类被其他类继承。

如果将一个类声明为 abstract,那么它被称为“抽象类”。抽象类包含一些未定义且必须在子类中实现的方法,抽象方法不包括方法体,且必须在子类中实现该方法。

一个类不能既被声明为 abstract,同时又被声明为 final。

Java 的类文件的扩展名为“. java”,类文件的名称必须与类名相同,即类文件的名称为“类文件 . java”。

(2)类体。在类声明中,大括号中的内容为类体。类体主要由以下两部分组成:成员变量的定义、成员方法的定义。

①成员变量的定义。成员变量声明:用来描述类的属性数据,这些成员变量有别于可能使用到的其他的变量。

成员变量的一般格式如下:

```
[修饰符] 数据类型成员变量名
```

修饰符的类型有 public、friendly、protected、private、static、final 共六种。

public 是公共变量修饰符,它所修饰的变量可以被所有的类访问。

friendly 是友好变量修饰符,是默认的修饰符,提供了包内访问权限,只有在同一包(package)下的类可以访问此变量。

protected 是保护变量修饰符,除了提供包内的访问权限外,protected 修饰的变量允许继承此类的子类访问。

private 是私有变量修饰符,能阻止其他类对 private 修饰的变量进行访问,仅提供给当前类内部访问的变量,private 修饰符可以隐藏类的实现细节。

以上四种修饰符在访问权限的级别上依次降低。

final 是常量修饰符,将变量声明为 final,可以保证在使用中不被改变。被声明为 final 的变量必须在声明时给定初值,而在以后的引用中只能读取,不能修改。

static 是类变量修饰符,当成员变量前加上 static 修饰时,表示该成员变量为类变量。不需要创建对象,就可以利用“类的引用”来访问 static 成员。

②成员方法的定义。成员方法声明:Java 中类的行为由类的成员方法来实现,类的成员方法由以下两个部分组成——方法的声明、方法体。

成员方法的一般格式如下:

```
[修饰符] <方法返回值的类型> <方法名> ([参数列表]){
[方法体]
}
```

修饰符:用于指定方法的被访问权限,可选值为 public、protected 和 private。

方法返回值的类型:用于指定方法的返回值类型。如果该方法没有返回值,可以使用关键字 void 进行标识。方法返回值的类型可以是任何 Java 数据类型。

参数列表:用于指定方法中所需的参数。当存在多个参数时,各参数之间应使用逗号分隔。方法的参数可以是任何 Java 数据类型。

方法体:方法体是方法的实现部分,在方法体中可以完成指定的工作,可以只打印一句话,也可以省略方法体,使方法什么都不做。需要注意的是,当省略方法体时,其外面的大括号一定不能省略。

【例3-16】定义一个加减法运算类。

```
public class addminus{
  private double base=0;//数据成员,存储计算结果
  public void add(double arg){//加法运算
   base=base+arg;
   }
  public void minus(double arg){//减法运算
   base=base-arg;
  }
  Public double getResult(){//取得运算结果
  returnbase;
  }
}
```

例3-16用关键字public和class来定义一个名字为addminus的简单运算器。类名必须是一个有限的标识符,习惯上以大写字母开头。类名后以大括号括住的内容被称为"类体",在类体中可以声明多个成员,这些成员分为数据成员和方法成员。数据成员用于定义类的属性,方法成员用于定义类的行为。在addminus类中,有一个数据成员base,三个方法成员add、minus和getResult,可以实现简单的加减运算。

2. 定义对象

Java程序的基本组成单位是类,类定义了一种抽象数据类型。但是若一个程序仅由类定义组成,是无法完成任何功能的,要使用这个类就需要创建可以用于服务的类对象。利用类创建若干类对象,让这些类对象相互协作,就能够完成指定功能。在Java中,把任何事物都看成对象,例如,一个人,一只动物,或者没有生命体的玩具、车子,甚至概念性的抽象事物,如公司文化。一个对象在Java语言中的生命周期包括创建、使用和销毁三个阶段。

(1)创建对象。对象是类的实例,Java定义任何变量都需要指定变量类型,因此,在创建对象前一定要先声明该对象,格式如下:

```
类名 对象名
```

例如,声明Tv类的一个对象hinseTv,代码如下:

```
Tv hinseTv;
```

在声明对象时,只是在内存中为其建立一个引用,并设置初值为null,表示不指向任何内存空间。声明对象后,需要为对象分配内存,这个过程被称为"实例化对象"。在Java中使用关键字new来实例化对象,具体语法格式如下:

```
对象名=new 构造方法名([参数列表]);
```

类名用于指定构造方法名。

例如，在声明 Tv 类的一个对象 hinseTv 后，可以通过以下代码为对象 hinseTv 分配内存(即创建该对象)：

```
hinseTv=new Tv();//Tv 类的构建方法无入口参数，所以省略了参数列表
```

或者在声明对象时，也可直接实例化该对象：

```
Tv hinseTv=new Tv();
```

这相当于同时执行了对象声明和创建对象：

```
Tv hinse;
hinse=new Tv();
```

(2)使用对象。创建对象后，就可以访问对象的成员变量并改变成员变量的值了，还可以调用对象的成员方法。通过使用运算符"."，实现对成员变量的访问和对成员方法的调用。语法格式为：

```
对象.成员变量
对象.成员方法()
```

【例 3-17】创建对象并使用该对象(Party.java)。

```
public class Party{
  String date,time,place;//声明描述类属性的成员变量
  public static void main(String args[])
  {
    Party myParty;//声明对象引用变量 myParty
    myParty=new Party();        //初始化对象 myParty
    myParty.date="5 月 20 日";  //直接向对象属性赋值
    myParty.time="20 点";//直接向对象属性赋值
    myParty.place="安庆市";//直接向对象属性赋值
    }
}
```

注意：上例中创建了一个对象，其中在 main()程序体中创建对象时，需要在类代码块内声明成员变量，而不能在 main()代码块中声明这些成员变量。

需要注意的是，如果用户没有定义构造方法，Java 会自动提供一个默认的构造方法，用来实现成员变量的初始化。Java 语言中各种类型变量的初始值见表 3-8。

表 3-8 Java 变量的初始值

序号	类型	初始值
1	byte	0
2	short	0
3	int	0
4	float	0.0F
5	long	0L

续表

序号	类型	初始值
6	double	0. 0D
7	char	'\u0000'
8	boolean	false
9	引用类型	null

(3)销毁对象。在许多程序设计语言中,需要手动释放对象所占用的内存,但是在 Java 中则不需要手动完成这项任务。Java 提供的垃圾回收系统可以自动判断对象是否还在使用,并能自动销毁不再使用的对象,收回对象所占用的资源。

Java 提供了一种名为 finalize( )的方法,用于对象在垃圾回收系统销毁之前执行一些资源回收工作,由垃圾回收系统调用。但是垃圾回收系统的运行是不可预测的,finalize( )方法没有任何参数和返回值,每个类只有一个 finalize( )方法。

3.3.3 继承

在面向对象程序的设计过程中,继承是不可或缺的一部分,这里继承的实体是类,也就是说,子类拥有父类的成员,通过继承可以实现代码的重用,提高程序的可维护性。

1. 子类对象的创建

在类的声明中,可以通过使用关键字 extends 来显式指明其父类。语法格式如下:

```
[修饰符] class 子类名 extends 父类名
```

修饰符:用于指定类的访问权限,可选值为 public、abstract、final。

子类名:必须是合法的 Java 标识符。一般情况下,要求首字母大写。

extends:用于指定要定义的子类继承于哪个父类。

2. 继承的使用原则

子类可以继承父类中所有可以被子类访问的成员变量和成员方法,但是必须遵守以下原则。

(1)子类能够继承父类中被声明为 public 和 protected 的成员变量和成员方法,但是不能继承被声明为 private 的成员变量和成员方法。

(2)子类能够继承在同一个包中的由默认修饰符修饰的成员变量和成员方法。

(3)如果子类声明了一个与父类的成员变量同名的成员变量,则子类不能继承父类的成员变量,此时称“子类的成员变量隐藏了父类的成员变量”。

(4)如果子类声明了一个与父类的成员方法同名的成员方法,则子类不能继承父类的成员方法,此时称“子类的成员方法覆盖了父类的成员方法”。

【例 3-18】定义一个父类及其子类(Son. java)。

```
//这个是父类
class Father{
//父类有个方法 speak
```

```
public void speak(){
System.out.println("I can speak...");
}
}
//子类继承父类
public class Son extends Father{
public static void main(String args[]){
Son s=new Son();
//子类调用父类的方法
s.speak();
}
}
```

把该文件保存为Son.java。

运行结果见图3-29。

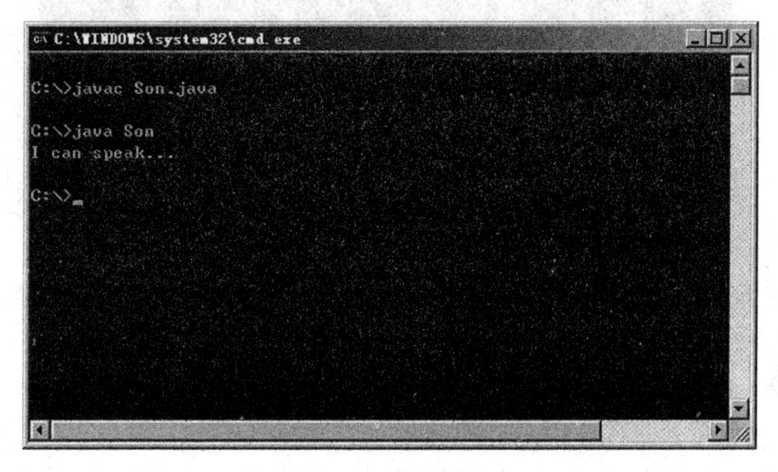

图3-29 运行结果

【例3-19】子类对象的创建。

```
class Super{
   public void print(){
    System.out.println("SuperClass");
   }
}
class Subs extends Super{
    public void print(){
       System.out.println("我是子类 SubClass,\n 我的父类是:");
       super.print();
    }
```

```
}
public class TestAcessSuperClassMethod{
    public static void main(String args[]){
        Subs obj=new Subs();
        obj.print();
    }
}
```

运行结果见图 3-30。

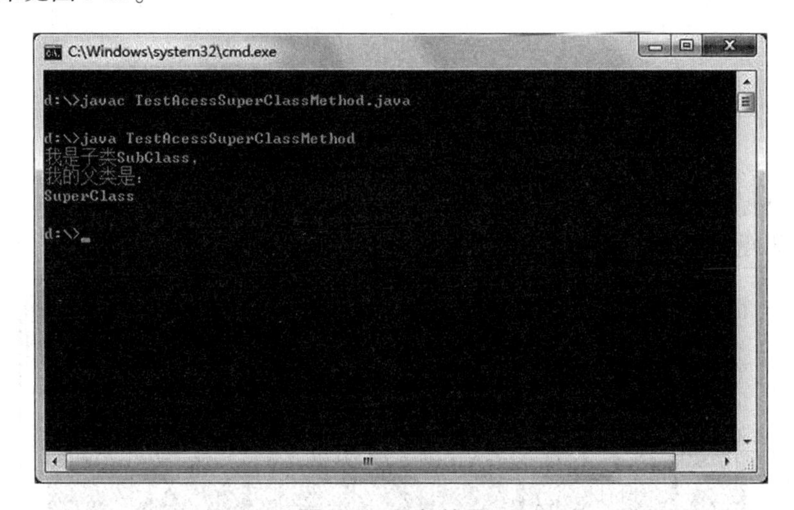

图 3-30 运行结果

注意:在 Java 中只允许单继承(每个类只有一个父类,不允许有多个父类,但是一个父类可以有多个子类)。

3. this 和 super 关键字

(1)this 关键字。当局部变量和成员变量的名字相同时,成员变量就会被隐藏。这时如果想在成员方法中使用成员变量,就必须使用 this 关键字。语法格式如下:

```
this. 成员变量名
this. 成员方法名()
```

【例 3-20】this 举例(Sayhello. java)。

```
public class Sayhello
 {
 String s="Hello";
 public Sayhello(String s)
 {
 System.out.println("s="+s);
 System.out.println("1->this.s="+this.s);
 this.s=s;
```

```
System.out.println("2->this.s="+this.s);
}
public static void main(String[] args)
 {
     SayHello x=new SayHello("Hello World!");
  }
}
```

运行结果见图 3-31。

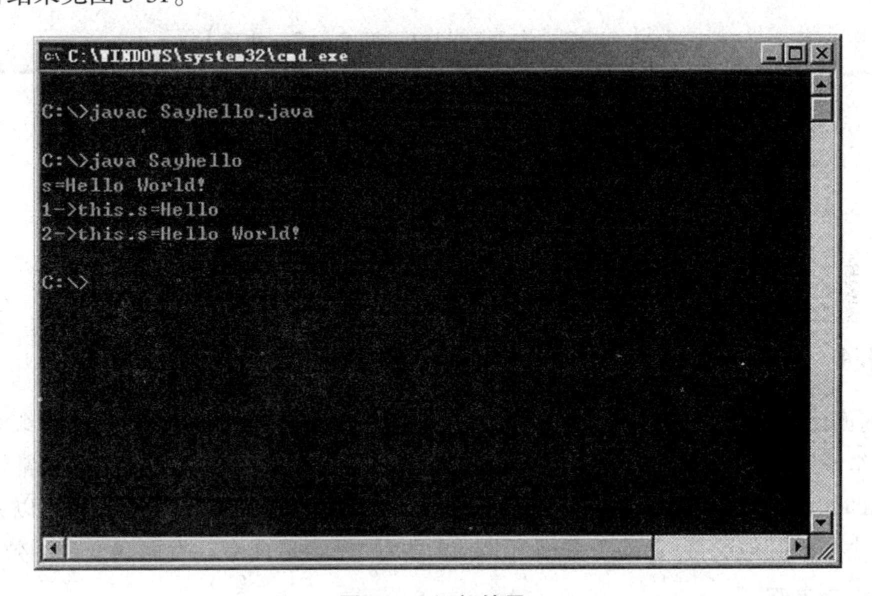

图 3-31 运行结果

(2) super 关键字。如果子类中声明的成员变量与父类的成员变量(包括名字、参数个数、类型、顺序等)相同,那么父类的成员变量将被隐藏。如果想要在子类中访问父类中被子类隐藏的成员变量,就可以使用 super 关键字。

【例 3-21】super 举例。

```
public class Person{
  private String name;
  private int age;
  public Person(){
  name="";
  age=0;
  }
  public Person(String n,int a){
    name=n;
    age=a;
   }
```

```
  }
public class Student extends Person{
  private String id;          //学号
  public Student(String name,int age){
   super(name,age);
//必须写在第一行,子类无法直接访问父类的私有属性,所以需要通过调用父类的构
//造器类初始化属性
  }
  public Student(String id,String name,int age){
    this(name,age);
//因为本类已经有个构造器初始化 name 和 age 了,所以交给它来做就行了,也必须
//写在第一行
this.id=id;
  }
}
```

3.3.4 接口

在前面已提到 Java 语言中只有单继承,也就是说,只能从一个父类继承。单继承的好处是,一旦继承得太多了,修改了一个类后其子类就都变了。那么在实际应用中经常用到的多继承,也即如果想继承多个父类的特性该怎么办呢?答案是,用接口。这个类可以先继承一个类,再去实现其他的接口,接口里面都是抽象方法,不会造成牵一发而动全身的效应。

1. 接口声明

Java 语言使用 interface 关键字来定义一个接口,其声明格式如下:

```
[修饰符] interface 接口名 [extends 父接口名列表]{
[public][static][final]常量;
[public][abstract]方法;
}
```

修饰符:用于指定接口的访问权限,可选值为 public;如果省略,则使用默认的访问权限。

接口名:用于指定接口的名称,接口名必须是合法的 Java 标识符,要求首字母大写。

extends 父接口名列表:用于指定要定义的接口要继承于哪个父接口。当使用 extends 关键字时,父接口名为必选参数。

方法:接口中的方法只有定义而没有被实现。

【例 3-22】定义一个接口。

```
public interface Control{
int OFF=0;
int ON=1;
void setPower(int on Or off);
```

```
boolean isPwerOn();
}
```

在上例中,关键字 interface 表明声明的 Control 是接口,其中 ON 和 OFF 是公有的静态常量。

2. 接口的实现

只有接口的 Java 程序是不可运行的,接口的意义在于它可以被类实现。类实现接口后,就可以使用类的实例来初始化接口类型的变量,进而接口变量就可以调用接口方法在其实现类中实现。在类中实现接口使用 implements 关键字,语法格式如下:

```
[修饰符] class <类名> [extends 父类名] [implements 接口列表]{}
```

修饰符:用于指定类的访问权限,可选值为 public、final、abstract。

类名:用于指定类的名称,类名必须是合法的 Java 标识符,要求首字母大写。

extends 父类名:用于指定要定义的类要继承于哪个父类。当使用 extends 关键字时,父类名为必选参数。

implements 接口列表:用于指定该类实现哪些接口。当使用 implements 关键字时,接口列表为必选参数。当接口列表中存在多个接口名时,各个接口之间使用逗号分离。

【例 3-23】在 Java 中定义一个接口,声明计算长方形面积和周长的抽象方法,再用一个类去实现这个接口,然后编写一个测试类去使用这个接口。

(1) calrect. java

```
public interface calrect
{                              //定义接口,接口包含抽象类
 public abstract int calarea();
 public abstract int calgirth();
 public abstract int getx();
 public abstract int getY();
}
```

(2) RRect. java

```
public class RRect implements calrect{
public RRect()
{
  x=3;y=4;
}
public int calarea()  //实现抽象类时,不用再写 public abstract int calarea()
{
return x*y;
}
public int calgirth()
{
```

```
return x*2+y*2;
}
public int getx()
{
return x;
}
public int getY()
{
return y;
}
private int x;
private int y;
}
```

(3) Class1. java

```
public class Class1{
RRectrect;
public static void main(String[] args)
{
RRectrect=new RRect();
System.out.println("矩形的长"+rect.getx());
System.out.println("矩形的宽"+rect.getY());
System.out.println("矩形的面积"+rect.calarea());
System.out.println("矩形的周长"+rect.calgirth());
}
}
```

将它们放在一个包中,运行 Class. java,输出结果如下:

```
矩形的长 3
矩形的宽 4
矩形的面积 12
矩形的周长 14
```

3.4 例外处理

例外是在程序的运行中所发生的异常事件,它中断指令的正常执行,如用户输入出错、所需文件找不到、运行时磁盘空间不够、内存不够、算术运算错(数的溢出,被零除……)、数

组下标越界等。当 Java 程序出现以上错误时,就会在所处的方法中产生一个异常对象。这个异常对象包括错误的类型、错误出现时程序的运行状态及对该错误的详细描述等。Java 中提供了一种独特的处理例外的机制,通过例外的机制来处理程序中出现的错误。下面来看一个简单的例子。

```
class ExceptionDemo2{&X% b+e2K;l+X6 |1h
    public static void main(String args[]){
        int a=0;#X#h'l. F6T6e. c:m1^)Q&p
        System.out.println(5/a);
    }
}(O3V $N&Y! mr0d
```

! n9g9u 运行结果 4? 0s1V9h2{

```
C:\>javac ExceptionDemo2.java3f. d% a. L $S'I+m
C:\>java ExceptionDemo2+ (l
java.lang.ArithmeticException:/byzeroat
ExceptionDemo2.main(ExceptionDemo2.java:4)5g;[(f:a4V-M7e
```

因为除数不能为 0,所以在程序运行的时候出现了除 0 溢出的异常事件。为什么有的例外在编译时出现,而有的例外是在运行时出现?下面继续学习 Java 的例外处理机制。

3.4.1 例外处理机制

Java 通过面向对象的方法来处理例外。在一个方法的运行过程中,如果发生了例外,则这个方法生成代表该例外的一个对象,并把它交给运行时系统,运行时系统寻找相应的代码来处理这一例外。

1. 抛弃(throw)例外

在 Java 程序的执行过程中,假如出现了异常事件,就会生成一个例外对象,生成的例外对象将传递给 Java 运行时系统,这一例外的产生和提交过程被称为"抛弃(throw)例外"。假如一个方法并不知道如何处理所出现的例外,则可在方法声明时声明抛弃(throws)例外。这是一种消极的例外处理机制。

要使用面向对象的方法处理例外,就必须建立类的层次。类 Throwable 位于这一类层次的最顶层,只有它的后代才可以作为一个例外被抛弃。

2. 捕获(catch)例外

当系统得到一个例外对象时,它会沿着方法的调用栈逐层回溯,寻找处理这一例外的代码,找到能够处理这种类型的例外的方法后,运行时系统把当前的例外对象交给这个方法进行处理,这一过程被称为"捕获(catch)例外"。这是积极的例外处理机制,如果 Java 运行时系统找不到可以捕获例外的方法,则运行时系统将终止,相应的 Java 程序也将退出。

3. 例外类的层次

在 jdk 中,每个包中都定义了例外类,而所有的例外类都直接或间接地继续于

Throwable 类。

Java 中的例外类可分为两大类：

(1) Error。动态链接失败、虚拟机错误等，通常 Java 程序不应该捕捉这类例外，也不会抛弃这类例外。

(2) Exception。Exception 又包括两种情况：

①运行时例外：继续于 RuntimeException 的类都属于运行时例外，如算术运算例外(除 0 错)、数组越界例外等。由于这些例外产生的位置是未知的，Java 编译器允许程序员在程序中不对它们作出处理。

②非运行时例外：除了运行时例外之外的其他由 Exception 的例外类都是非运行时例外，如 FileNotFoundException(文件未找到例外)。Java 编译器要求在程序中必须处理这种例外，即捕获例外或者声明抛弃例外。

3.4.2 例外的处理

1. 捕获例外

捕获例外是通过 try-catch-finally 语句实现的：

```
try{
......
  }catch(Exception Name1e){
     ......
     }catch(Exception Name2e){
     ......
     }
     ......
     }finally{
     ......
   }
```

(1) try。捕获例外的第一步是用 try{…}选定捕获例外的范围，由 try 所限定的代码块中的语句在执行过程中可能会生成例外对象并抛弃。

(2) catch。每个 try 代码块可以伴随一个或多个 catch 语句，用于处理 try 代码块中所生成的例外事件。catch 语句只需要一个形式参数指明它所能够捕获的例外类型，这个例外类型必须是 Throwable 的子类，运行时系统通过参数值把被抛弃的例外对象传递给 catch 块。

在 catch 块中是对例外对象进行处理的代码，与访问其他对象一样，可以访问一个例外对象的变量或调用它的方法。getMessage( )是类 Throwable 所提供的方法，用来得到有关异常事件的信息，类 Throwable 还提供了方法 PrintStackTrace( )用来跟踪异常事件发生时执行堆栈的内容。例如：

```
try{
   ......
```

```
}catch(FileNotFoundException e){
  System.out.println(e);
  System.out.println("message:"+e.getMessage());
  e.printStackTrace(System.out);
}catch(IOException e){
  System.out.println(e);
}
```

捕获例外的顺序和catch语句的顺序有关。当捕获到一个例外时,剩下的catch语句就不再进行匹配。因此,在安排catch语句的顺序时,首先应该捕获最非凡的例外,然后再逐渐一般化。也就是说,一般先安排子类,再安排父类。

(3)finally。捕获例外的最后一步是通过finally语句为例外处理提供一个统一的出口,使得在控制流转到程序的其他部分以前,能够对程序的状态作统一的处理。不论在try代码块中是否发生了异常事件,finally块中的语句都会被执行。

2. 抛弃例外

(1)声明抛弃例外。假如在一个方法中生成了一个例外,但是这一方法并不确切地知道该如何对这一异常事件进行处理,这时,这一方法就应该声明抛弃例外,使得例外对象可以从调用栈向后传播,直到有合适的方法捕获它为止。

声明抛弃例外是在一个方法声明中的throws子句中指明的。例如:

```
public int read()throws IOException{
                ......
  }
```

throws子句中同时可以指明多个例外,之间由逗号隔开。例如:

```
public static void main(String args[])throws
IOException,Index OutOfBoundsException{…}
```

(2)抛出例外。抛出例外是产生例外对象的过程。首先要生成例外对象,它由虚拟机或者某些类的实例生成,也可以在程序中生成。在方法中,抛出例外对象是通过throw语句实现的。

例如:

```
IOException e=new IOException();
throw e;
```

可以抛出的例外必须是Throwable或其子类的实例。下面的语句在编译时将会产生语法错误:

```
throw newString("want to throw");
```

3.4.3 常见错误

下面给出一些常见的错误(Error)(见表3-9)、一般异常(见表3-10)及运行异常(RuntimeException)(见表3-11)。

表 3-9　Java 常见错误列表

错误	功能描述
Class Circularity Error	初始化某类检测到类的循环调用错误
Class Format Error	非法类格式错误
Illegal Access Error	非法访问错误
Incompatible CleClass Chang Error	非兼容类更新错误
Internal Error	系统内部错误
Linkage Error	链接错误
NoClass Def Found Error	运行系统找不到被引用类的定义
NoSuch Field Error	找不到指定域错误
NoSuch Method Error	所调用的方法不存在
Outof Memory Error	内存不足错误
Unknown Error	系统无法确认的错误
Unsatisfied Link Error	定义为本地的方法运行时与另外的例程相连接错误
Verify Error	代码校验错误
Virtual Machine Error	虚拟机出错,可能 JVM 错或资源不足
Instantiation Error	企图实例化一个接口或抽象类的错误

表 3-10　Java 一般异常列表

一般异常	功能描述
Illegal Access Exception	非法访问异常
Class NotFound Exception	指定类或接口不存在异常
CloneNot Support Exception	对象使用 clone 方法而不实现 cloneable 接口
IO Exception	输入/输出异常
Interrupted IO Exception	中断输入/输出操作异常
Interrupted Exception	中断异常(常应用于线程操作中)
EOF Exception	输入流中遇到非正常的 EOF 标志
File Not Found Exception	指定文件找不到
Malformed URL Exception	URL 格式不正确
Protocol Exception	网络协议异常
Socket Exception	Socket 操作异常
Unknown Host Exception	给定的服务器地址无法解析

续表

一般异常	功能描述
Unknown Service Exception	网络请求服务出错
UTF Data Format Exception	UTF 格式字符串转换出错
Instantiation Exception	企图实例化接口或抽象类
No Such Method Exception	找不到指定的方法

表 3-11　Java 常见的运行异常列表

常见的运行异常	功能描述
Arithmetc Exception	算术运算除数为零
Index Out of Bound Exception	下标越界错误
Array Index Outo Bounds Exception	数组元素下标越界错误
String Index Out of Bounds Exception	字符串下标越界错误
Class Cast Exception	类型强制转换异常
Negative Array Size Exception	数组的长度为负异常
Null Pointer Exception	非法数据格式异常
Illegal Argument Exception	非法参数异常
Illegal Monitor State Exception	非法监视器操作异常
Illegal Thread State Exception	非法线程状态异常
Empty Stack Exception	找空异常,对空栈进行操作
No Such Element Exception	枚举对象不存在给定的元素异常
Security Exception	安全性异常

3.5　线程

以前古老的 DOS 操作系统(V6.22)是单任务的,还没有"线程"的概念,系统每次只能做一件事情。例如,在 copy 文件的时候不能 rename 文件名。为了提高系统的利用效率,采用批处理来批量执行任务。现在的操作系统都是多任务操作系统,每个运行的任务就是操作系统所做的一件事情,例如,在听歌的同时还可以用 QQ 和好友聊天。听歌和聊天就是两个任务,这两个任务是"同时"进行的。一个任务一般对应一个进程,也可能包含好几个进程。例如,运行的 QQ 就对应一个 QQ 的进程。如果用户使用的是 Windows 系统,可以在任务管理器中看到操作系统正在运行的进程信息。

一般来说,当运行一个应用程序的时候,就启动了一个进程,当然有些会启动多个进程。

启动进程的时候,操作系统会为进程分配资源,其中最主要的资源是内存空间,因为程序是在内存中运行的。在进程中,有些程序流程块是可以乱序执行的,并且这个程序流程块可以同时被多次执行。实际上,这样的程序流程块,也即代码块,就是线程体。线程是进程中乱序执行的代码流程。当多个线程同时运行的时候,这样的执行模式就成为并发执行。

3.5.1 线程的基本知识

1. 进程

一个进程是一个包括有自身执行地址的程序,在多任务操作系统中,可以把 CPU 时间分配给每一个进程。CPU 在指定时间片断内执行某个进程,然后在下一个时间片断跳至另一个进程中执行,由于转换速度很快,使人感觉进程像是在同时进行。

通常将正在运行的程序称为"进程",现在的计算机基本都支持多进程操作,例如,使用计算机时可以边上网边听音乐。然而,计算机只有一块 CPU,实际上并不能同时运行这些进程,CPU 实际上是利用不同的时间片断去交替执行某个进程。

2. 线程

所谓"线程"(Thread),是"进程"中某个单一顺序的控制流。现在的操作系统大多采用"多线程"的概念,把线程视为基本执行单位。线程也是 Java 中相当重要的组成部分之一。"单线程"的概念没有什么新的地方,真正有趣的是在一个程序中同时使用多个线程来完成不同的任务。某些地方用轻量进程(Light weight Process)来代替线程,线程与真正进程的相似性在于它们都是单一顺序控制流,而线程被认为轻量是由于它运行于整个程序的上下文内,能使用整个程序共有的资源和程序环境。

引入线程有以下好处:易于调度;提高并发性,通过线程可有效地实现并发性,进程可创建多个线程来执行同一程序的不同部分;开销少,创建线程比创建进程要快,所以开销很少。每个 Java 程序都至少有一个线程——主线程。当一个 Java 程序启动时,JVM 会创建主线程,并在该线程中调用程序的 main 方法。多线程执行结构图见图 3-32。

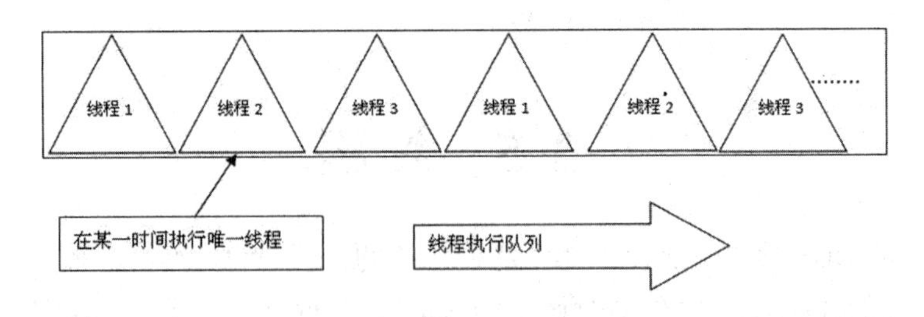

图 3-32 多线程执行结构图

虽然线程可以大大简化许多类型的应用程序,但过度使用线程可能会危及程序的性能及其可维护性。线程消耗了资源,因此,在不降低性能的情况下,可以创建的线程的数量是有限制的。尤其在单处理器系统中,使用多个线程不会使主要消耗 CPU 资源的程序运行得更快,线程太多会导致控制太复杂,最终会造成很多 Bug。

总之,进程和线程存在以下关系:

(1)一个线程只能属于一个进程,而一个进程可以有多个线程。

(2)资源分配给进程,同一进程的所有线程共享该进程的所有资源。

(3)处理机分给线程,即真正在处理机上运行的是线程。

(4)线程在执行过程中需要协作同步。不同进程的线程间要利用消息通信的方法实现同步。

3.5.2 线程的创建方式

线程的创建方式有两种:继承 Thread 类、实现 Runnable 类。无论用哪种方法,该线程类中都必须重定义 run 方法,并将要执行的代码放在 run 方法中。

(1)Thread 类。Thread 类中常见的方法包括 start 方法、interrupt 方法、join 方法、run 方法等。其中,start 方法与 run 方法最为常用,start 方法用于启动线程,run 方法为线程的主体方法,可以根据需要覆写 run 方法。

Thread 类有以下几种最常用的构建方法:

①Thread(),是默认构建方法。

②Thread(Stringname),用指定的 name 参数作为名称创建一个 Thread 对象。

③Thread(Runnabletarget)和 Thread(Runnabletarget,Stringname),除 Runnable 参数之外,这两个构建方法与前面的构建方法一样;不同的是,Runnable 参数用于提供具有 run 方法的线程之外的 target 对象,该对象的 run 方法将被该线程执行。

【例 3-24】继承 Thread 而重写了 run 方法举例。

```
public class Hello extends Thread{
  int i;
  public void run(){
  while(true){
  System.out.println("Hello"+i++);
  if(i==10)break;
   }
  }
}
public class Hello Thread{
public static void main(String[] args){
Hello h1=new Hello();
Hello h2=new Hello();
h1.start();
h2.start();
 }
}
```

【例 3-25】用另一种方法实现例 3-24。

```
public class Test Thread{
    public static void main(String args[]){
    Xyz r=new Xyz();
    Xyz r1=new Xyz();
    Thread t1=new Thread(r);
    Thread t2=new Thread(r1);
    t1.start();
    t2.start();
     }
    }
class Xyz implements Runnable{
int i;
public void run(){
i=0;
while(true){
System.out.println("Hello"+i++);
if(i==50){
break;
      }
     }
   }
 }
```

(2)Runnable类。虽然可以利用继承Thread类的方法实现线程,但是在Java中只能继承一个类。如果用户定义的类已经继承了其他类,就无法继承Thread类,也就无法使用线程。于是Java语言为用户提供了一个接口java.lang.Runnable,通过实现这个接口就可以使用线程。Runnable接口中定义了一个run方法,在实例化一个Thread对象时,可以传入一个实现Runnable接口对象作为参数,Thread类会调用Runnable对象的run方法,继而执行run方法中的内容。

【例3-26】Runnable举例。

```
public class Thread1{
   public static void main(String[] args){
   Runner1 r=new Runner1();   //创建实现Runnable接口的对象
   Thread t=new Thread(r);   //创建一个Thread类的对象
   t.start();//启动线程
    }
   }
   class Runner1 implements Runnable{     //Runner1 实现 Runnable 接口
```

```
    public void run(){
    for(int i=1;i<20;i++){
    System.out.println(i);
     }
    }
}
```

运行结果见图3-33。

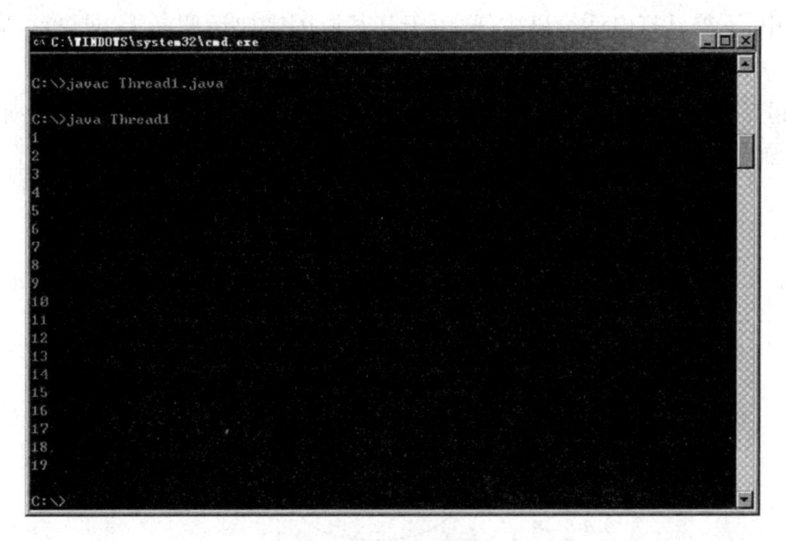

图3-33 运行结果

上面介绍的两种线程建立方法，对于直接继承Thread类创建对象的方法比较简单。run方法的当前对象就是线程对象，可直接操作，但是Thread子类无法再从其他类继承(Java语言的单继承)。使用Runnable接口创建线程可以将CPU、代码和数据分开，形成清晰的模型。线程体run方法所在的类可以从其他类中继承一些有用的属性和方法，这种方法有利于保持程序的设计风格一致。

3.5.3 线程的生命周期

和人类有生老病死一样，线程也有它完整的生命周期。

(1)新建(New)：代表线程的对象已经被初始化，但尚未运行run方法，还不能被调度运行。

(2)可执行(Runnable)：线程正在运行run方法，但这只说明线程目前处于的状态。如果系统没有能力分配CPU执行时间给线程，线程就“不执行”，这里的“不执行”不代表“停滞”或“死亡”。

(3)阻塞(Blocked)：线程是可以执行的，但由于某些因素的阻碍，处于堵塞、停滞状态，系统排程器略过了应给的CPU执行时间。当程序进入阻塞状态时，CPU不分配时间片给这个线程。若希望线程回到“可执行”状态，可以使用notify方法或者interrupt方法。

(4)消亡(Dead)：线程的正式结束方式，run方法执行完毕并返回。此外，如果线程执行了 interrupt 或 stop 方法,那么它也会以异常退出的方式进入消亡状态。

如果用“上学”来解释线程的生命周期则更容易理解:

(1)在进行了一系列考察后选择了这个学校,填写入学登记表、交纳学费、打印听课证、获取课程表,这时已经成功地“初始化”了求学的线程。

(2)当第一天上课的时候,求学线程处于“可执行”状态,法定节假日只是学校没有能力来安排课程,并不是求学线程的“停滞”或“死亡”。

(3)求学的过程是艰辛且漫长的,如果哪天头晕脑胀、四肢无力而无法上学,这时求学线程还在进行中,不得已打电话给班主任,由于某某原因需要请假一天,求学线程于是被阻塞停滞。

(4)有起点就会有终点、有开始就会有结束,在顺利地通过了毕业考试后,求学线程便理所应当地被画上一个圆满的句号。生命周期见图 3-34。

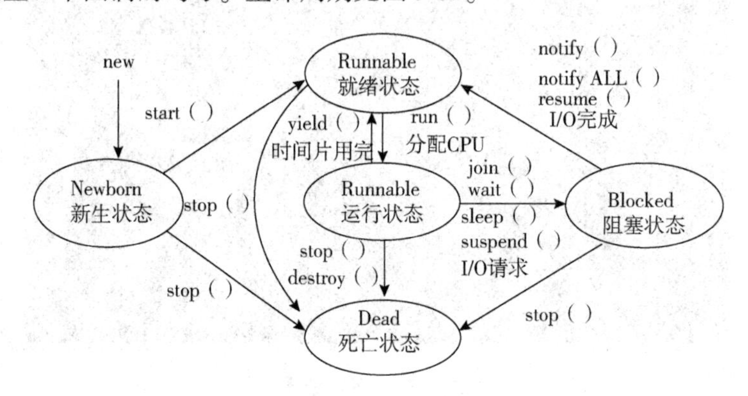

图 3-34　线程的生命周期及状态转换

3.5.4　线程之间的通信

假设有如下情形:线程 A 向盘子里放橘子(盘子很小,只容得下一个橘子),放完橘子后,如果线程 B 没有来拿橘子,则线程 A 下次再放橘子时,留在盘子里的上次的那个橘子就被覆盖掉(现实并非这样)。如果不希望这个可口的橘子就这样被第二个橘子覆盖掉,理想情况是:线程 A 每次在盘子里放完一个橘子后,马上通知线程 B 来取这个橘子,这时线程 A 就暂停在盘子里放橘子,在线程 B 取走橘子之后,马上通知线程 A 橘子已经被取走,这时线程 A 继续放下一个橘子,并通知线程 B 来取,这样反复下去(为了不让生产者永久地放,消费者永久地取,可限定生产者一共要放 100 次橘子),放一个就取走一个,所有橘子都被成功取走。

在上述案例中,线程 A 与线程 B 之间是生产者与消费者的关系,线程 A 生产橘子,把橘子放在盘子里,线程 B 从盘子里拿走橘子,享受美味。为了达到生产一个拿走一个这样一对一的过程,线程 A 必须告诉线程 B:橘子已经放好了,来拿吧,你拿走了,我再放下一个。当线程 B 拿走橘子后,必须告诉线程 A:我把橘子拿走了,你快放下一个吧。线程 A 和线程 B 互相告诉对方的动作,就是线程间的通信。

取放橘子的整个过程涉及到四个对象,分别是生产者(线程 A)、消费者(线程 B)、消费

的商品(橘子)、商店(盘子)。因此,可以把上述过程看作是生产者和消费者在商店里交易橘子。图 3-35 描绘了上述整个过程。

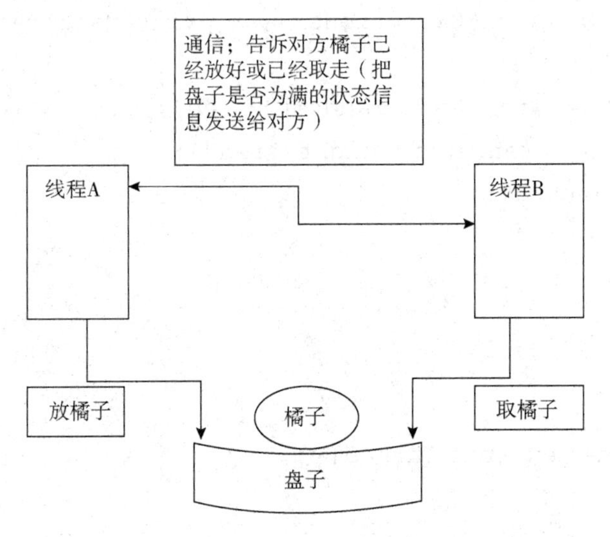

图 3-35　线程间的通信

下面的代码实现了本案例:

```
class MyTest1{
  public static void main(String[] args){
  Panel pan=new Panel();
  Consumer c=new Consumer(pan);
  Producer p=new Producer(pan,c);
  c.setDaemon(true);//将消费者设置为守护线程,也就是说,当生产者不再生产
  //时,消费者立即主动不再消费
  p.start();
  c.start();
  }
}
class Producer extends Thread{
  Panel pan=null;
  Consumer c=null;
  public Producer(Panelpan,Consumerc){
  this.pan=pan;
  this.c=c;
 }
public void run(){
synchronized(c){
int count=0;
```

```
while(count++<100){  //提示生产者一共要生产 100 个橘子
if(! pan.isBlank){
try{c.wait();}catch(Exceptionex){ex.printStackTrace();}
}
int orgWeight=(int)(Math.random()* 100);
Orange org=new Orange(orgWeight,"red");
pan.putOrange(org);
c.notify();
   }
  }
 }
}
class Consumer extends Thread{
Panel pan;
public Consumer(Panel pan){
this.pan=pan;
}
public void run(){
synchronized(this){
while(true){
if(pan.isBlank){
try{wait();}catch(Exceptionex){ex.printStackTrace();}
}
pan.getOrange();
notify();
  }
 }
}
}
class Orange{
int weight;
String color;
public Orange(intweight,Stringcolor){
this.weight=weight;
this.color=color;
}
public String toString(){
```

```
return"Orange,weight="+weight+",color="+color;
}
}
class Panel{
  public Boolean isBlank=true;
  private Orangeorg;
  public void putOrange(Orangeorg){
  this.org=org;
  isBlank=false;
  System.out.println("Iput:"+org.toString());
  }
   public Orange get Orange(){
   System.out.println("Iget:"+org.toString());
   isBlank=true;
   return org;
  }
}
```

3.5.5 线程的优先级

在Java中,如何进行线程的调度呢?也即如何避免多个线程争用有限资源而导致应用系统死机或者崩溃呢?Java定义了线程的优先级策略。Java将线程的优先级分为10个等级,分别用1~10之间的数字表示,数字越大表明线程的级别越高。相应地,在Thread类中定义了表示线程最低、最高和普通优先级的成员变量MIN_PRIORITY、MAX_PRIORITY和NORMAL_PRIORITY,代表的优先级等级分别为1、10和5。当一个线程对象被创建时,其默认的线程优先级是5。

为了控制线程的运行策略,Java定义了线程调度器来监控系统中处于就绪状态的所有线程。线程调度器按照线程的优先级决定哪个线程投入处理器执行。在多个线程处于就绪状态的条件下时,高优先级线程会在低优先级线程之前得到执行。线程调度器同样采用“抢占式”策略来调度线程执行,即,在当前线程执行过程中有较高优先级的线程进入就绪状态时,较高优先级的线程立即被调度执行。具有相同优先级的所有线程采用轮转的方式来共同分配CPU时间片。

在应用程序中设置线程优先级的方法很简单,在创建线程对象之后可以调用线程对象的setPriority()方法改变该线程的运行优先级,同样可以调用getPriority()方法获取当前线程的优先级。

3.6 输入/输出流的常用方法

没有一个程序可以离开输入/输出(I/O)。本节主要讲解输入/输出流、字节流、字符流和过滤器流。

3.6.1 流的基本概念

为了实现对外设的统一管理,屏蔽不同外设的差异,Java 用 java. io 包实现上层软件与硬件的隔离,引入了“流”的概念,抽象地把产生数据的源和使用数据的目的联系了起来。流(stream)是一组有序的数据序列,见图 3-36。

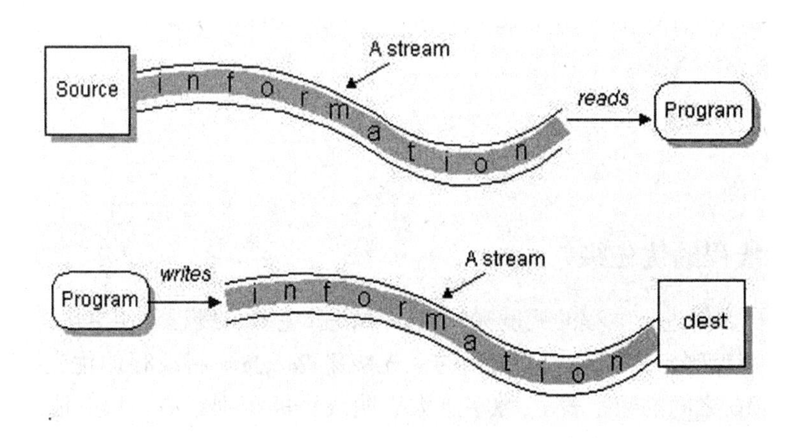

图 3-36 流

根据操作的类型,流一般分为输入流(InputStream)和输出流(OutputStream)两类。输入流的指向被称为“源”,程序从指向源的输入流中读取源中的数据。当程序需要读取数据时,就会开启一个通向数据源的流,这个数据源可以是文件、内存或网络连接。输出流的指向是字节要去的目的地,程序通过在输出流中写入数据把信息传递到目的地。

但这种输入流、输出流的划分并不是绝对的。例如一个文件,当向其中写数据时,它就是一个输出流;当从其中读取数据时,它就是一个输入流。当然,键盘只是一个输入流,而屏幕则只是一个输出流。输入流见图 3-37,输出流见图 3-38。

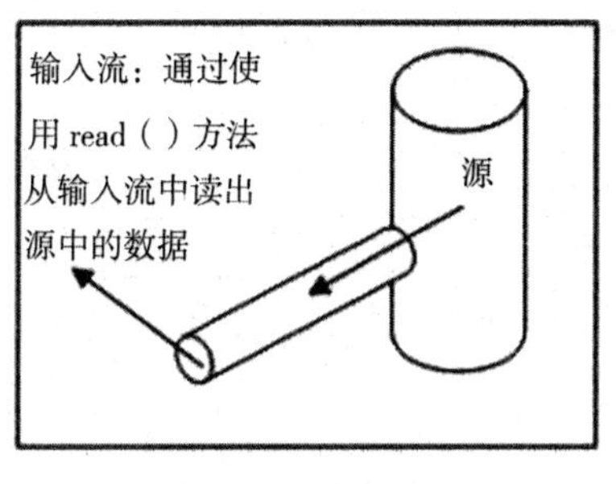

图 3-37 输入流

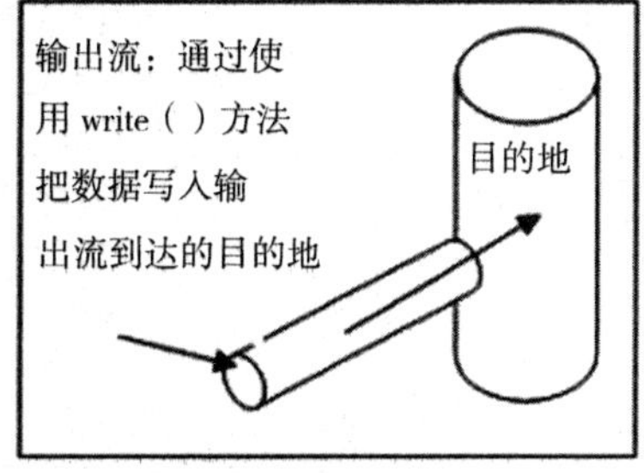

图 3-38 输出流

3.6.2 输入/输出流

Java 中的流分为两种，一种是字节流，另一种是字符流，分别由四个抽象类来表示（每种流包括输入和输出两种，所以一共四个）：InputStream、OutputStream、Reader、Writer。Java 中其他多种多样变化的流均是由它们派生出来的。Java. io 中部分类的继承关系见图 3-39 ~ 图 3-42。

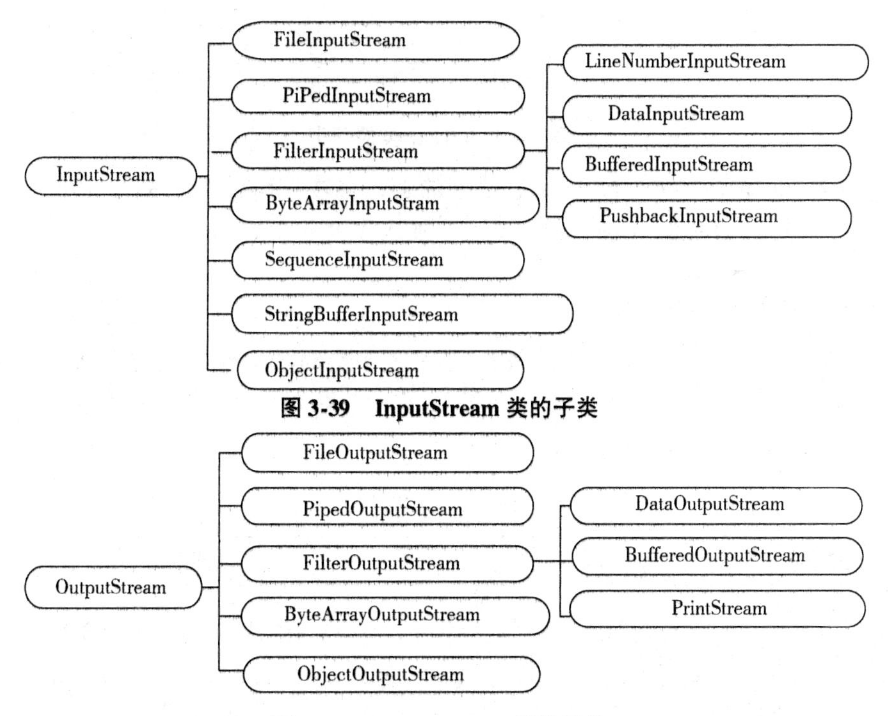

图 3-39 **InputStream 类的子类**

图 3-40 **OutputStream 类的子类**

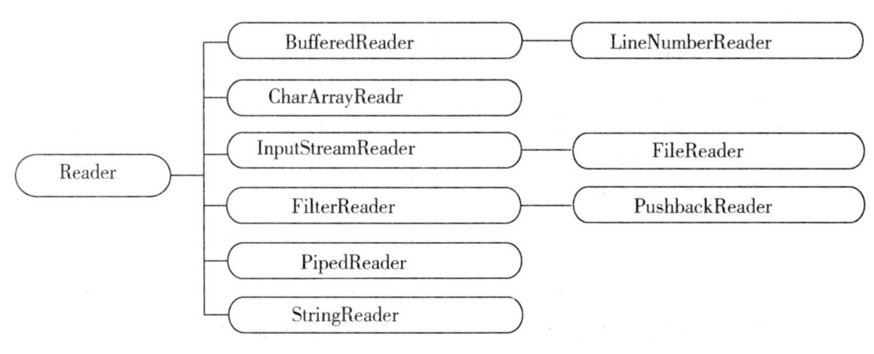

图 3-41 Reader 类的子类

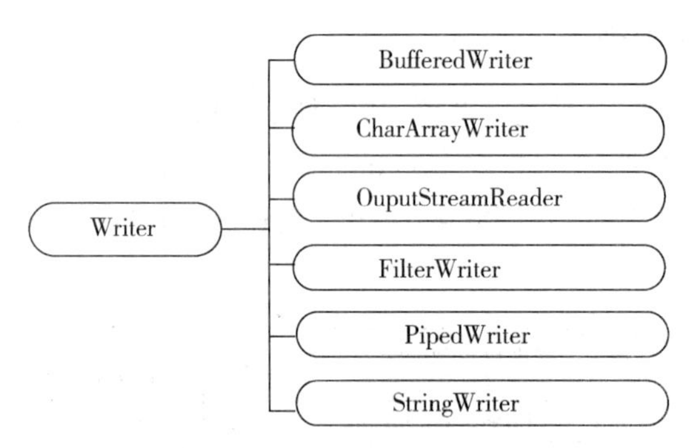

图 3-42 Writer 类的子类

其中,InputStream 和 OutputStream 在早期的 Java 版本中就已经存在了,它们是基于字节流的,而基于字符流的 Reader 和 Writer 是后来加入作为补充的。

3.6.3 字节流

字节流是以字节为单位来处理数据的,字节流不会对数据作任何转换,因此,可以被用来处理二进制的数据。字节流类见表 3-12。字节流是传字节的,以 8 位字节为单位进行读写,以 InputStream 与 OutputStream 为基础类。

表 3-12 字节流

方法名称	功能描述
inputStream outputStream	所有字节输入输出流抽象类
bufferedInputStream bufferedOutputStream	缓存字节输入输出流
dateInputStream dateOutputStream	基本数据类型的输入输出流
fileInputStream fileOutputStream	文件输入输出流类

续表

方法名称	功能描述
pipedInputStream pipedOutputStream	程序字节流管道建立
byteArrayInputStream byteArrayOutputStream	字节数组缓存区

1. InputStream 与 OutputStream

Java 中 InputStream 类描述所有输入流的抽象概念，它是所有字节输入流的父类。InputStream 类的常用方法见表 3-13。

表 3-13 InputStream 类的常用方法

方法名称	功能描述
int read()	只读一个字节，放入整数低字节
int read(byte[ ] b)	从输入数据流中读取字节并存入数组 b 中
int read(byte[ ] b,int off,int len)	返回读取的字节长度，并存入数组 b 中
long skip(long n)	返回跳过的字节长度，用于包装类
int available()	返回当前输入流中可读的字节数
void mark(int readlimit)	用于包装类，在输入流中加入标记
void reset()	返回到标记处
boolean markSupported()	是否支持 mark
void close()	关闭当前输入流，并释放任何与之关联的系统资源

Java 中 OutputStream 类描述所有输出流的抽象概念，它是所有字节输出流的父类。OutputStream 类的常用方法见表 3-14。

表 3-14 OutputStream 类的常用方法

方法名称	功能描述
void write(int b)	写入整数的低字节
void write(byte[ ] b)	将字节数组写入到输出流
void write(byte[ ] b,int off,int len)	将数组 b 下标 off 开始的 len 长度的数据写入当前输出流
void flush()	将内存缓存区的内容清空并输出
void close()	关闭当前输出流，并释放任何与之关联的系统资源

2. FileInputStream

FileInputStream 从文件系统中的某个文件获取输入字节。哪些文件可用，取决于主机环

境。FileInputStream 用于读取诸如图像数据之类的原始字节流。该类适用于比较简单的文件读取,该类的所有方法都是从 InputStream 类继承并重写的。创建文件字节输入流常用的构造方法有两种。

(1)FileInputStream(File file):通过打开一个到实际文件的连接来创建一个 FileInputStream,该文件通过文件系统中的 File 对象 file 指定。

(2)FileInputStream(String name):通过打开一个到实际文件的连接来创建一个 FileInputStream,该文件通过文件系统中的路径名 name 指定。

【例 3-27】假如有文件“C:\\abc. txt”的文件内容是“Java 输入输出”,创建一个 File 类的对象,然后创建文件字节输入流对象 fis,并且从输入流中读取文件“abc. txt”的信息(Abc. java)。

```
import java.io.*;
public class Abc{
    public static void main(String args[]){
        File f=new File("C:\\abc.txt");
        try{
            byte bytes[]=new byte[512];
            FileInputStream fis=new FileInputStream(f);
            int rs=0;
            System.out.println("The Example is:");
            while((rs=fis.read(bytes,0,512))>0){
              String s=new String(bytes,0,rs);
              System.out.println(s);
            }
            fis.close();
        }catch(IOException e){
            e.printStackTrace();
        }
    }
}
```

运行结果见图 3-43。

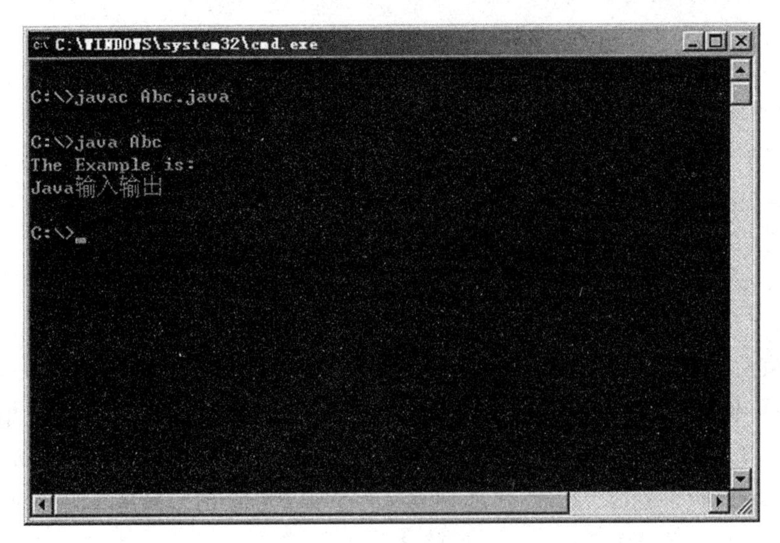

图 3-43 运行结果

3. FileOutputStream

FileOutputStream 实现了以字节形式写入文件。该类的所有方法都是从 OutputStream 类继承并重写的。创建文件字节输出流常用的构造方法有两种。

(1) FileOutputStream(File file):创建一个向指定 File 对象表示的文件中写入数据的 FileOutputStream。该文件通过文件系统中的 File 对象 file 指定。

(2) FileOutputStream(String name):创建一个向具有指定名称的文件中写入数据的 FileOutputStream。该文件通过文件系统中的路径名 name 指定。

【例 3-28】从源文件(C:abc. txt)读取数据至一个 byte 数组中,然后再将 byte 数组中的数据写入目的文件(C:abc1. txt)。

```
import java.io.* ;
public class FileStreamDemo{
  public static void main(String[] args){
  try{
               //来源文件
FileInputStream in=new FileInputStream("C:abc.txt");
               //目的文件
FileOutputStream out=new FileOutputStream("C:abc1.txt");
byte[] bytearray=new byte[1024];
do{
in.read(bytearray,0,1024);
out.write(byte array);
  }while(in.available()>0);
  in.close();
```

```
out.close();
}catch(ArrayIndexOutOfBoundsException e){
e.printStackTrace();
}catch(IOException e){
e.printStackTrace();
 }
}
}
```

运行结束后,会在 C 盘发现新建立了一个文件 abc1.txt,内容和 abc.txt 一样。

注意:在不使用文件流时,记得使用 close 方法自行关闭流,以释放与流相应的系统资源。FileOutputStream 默认会以新建文件的方式来开启流,如果指定的文件名称已经存在,则原文件会被覆盖;如果想以附加模式来写入文件,可以在构建 FileOutputStream 实例时指定为附加模式。

3.6.4 字符流

字符流(characterstreams)用于处理字符数据的读取和写入,它以字符为单位。Reader 和 Writer 这两个抽象类就主要用来读写字符流。

1. Reader 和 Writer 类

Reader 类是所有字符输入流的父类,它的常用方法见表 3-15。

表 3-15 Reader 类的常用方法

方法名称	功能描述
read()	读取单个字符。在有可用字符、发生 I/O 错误或者已到达流的末尾前,此方法一直阻塞。如果已到达流的末尾,则返回-1
read(char[] cbuf)	将字符读入数组,并返回所读入的字符的数量。读取的字符数如果已到达流的末尾,则返回-1
skip(long n)	跳过 n 个字符,并返回实际跳过的字符数
ready()	判断是否准备读取此流
reset()	将当前输入流重新定位到最后一次调用 mark()时的位置
close()	关闭该流并释放与之关联的所有资源。在关闭该流后,再调用 read()、ready()、mark()、reset()或 skip()将抛出异常

Writer 类是所有字符输出流的父类,它的常用方法见表 3-16。

表 3-16 Writer 类的常用方法

方法名称	功能描述
write(int c)	写入单个字符

续表

方法名称	功能描述
write(String str)	写入字符串
write(char[ ] cbuf)	写入字符数组
write(char[ ] cbuf,int off,int len)	写入字符数组的某一部分
Flush()	刷新此流
close()	关闭此流,但要先刷新它

2. InputStreamReader 类

InputStreamReader 是字节流通向字符流的桥梁,它使用指定的 charset 读取字节并将其解码为字符。它使用的字符集可以由名称指定或显式给定,否则可能接受平台默认的字符集。每次调用 InputStreamReader 中的一个 read 方法,都会导致从基础输入流读取一个或多个字节。要启用从字节到字符的有效转换,可以提前从基础流读取更多的字节,使其超过满足当前读取操作所需的字节。创建字符输入流常用的构造方法有两种。

(1) InputStreamReader(InputStream in):创建一个使用默认字符集的 InputStreamReader。

(2) InputStreamReader(InputStream in,String charsetName):创建使用指定字符集的 InputStreamReader。

InputStreamReader 类的常用方法见表 3-17。

表 3-17 InputStreamReader 类的常用方法

方法名称	功能描述
read()	读取单个字符
ready()	告知是否准备读取此流。如果其输入缓冲区为空,或者可从基础字节流读取字节,则 InputStreamReader 为已作好被读取准备
close()	关闭该流
getEncoding()	返回此流使用的字符编码的名称。如果该编码有历史上用过的名称,则返回该名称;否则返回该编码的规范化名称
read(char[ ] cbuf,int off,int len)	将字符读入数组中的某一部分

3. OutputStreamWriter 类

OutputStreamWriter 是字符流通向字节流的桥梁,它使用指定的 charset 将要向其写入的字符编码为字节。它使用的字符集可以由名称指定或显式给定,否则可能接受平台默认的字符集。每次调用 write 方法都会针对给定的字符(或字符集)调用编码转换器。在写入基础输出流之前,得到的这些字节会在缓冲区累积。可以指定此缓冲区的大小,不过,默认的缓冲区对多数用途来说已足够大。注意,传递到此 write 方法的字符是未缓冲的。创建字符输出流的常用构造方法有两种。

(1)OutputStreamWriter(OutputStream out):创建使用默认字符编码的 OutputStreamWriter。

(2)OutputStreamWriter(OutputStream out,String charsetName):创建使用指定字符集的 OutputStreamWriter。

OutputStreamWriter 类的常用方法见表 3-18。

表 3-18　OutputStreamWriter 类的常用方法

方法名称	功能描述
flush()	刷新该流的缓冲
close()	关闭该流
write(int c)	写入单个字符
write(char[] cbuf,int off,int len)	写入字符数组的某一部分
write(String str,int off,int len)	写入字符串的某一部分

4. FileWriter 类

用来写入字符文件的便捷类。此类的构造方法假定默认字符编码和默认字节缓冲区大小都是可接受的。要自己指定这些值,可以先在 FileOutputStream 上构造一个 OutputStreamWriter。

文件是否可用或是否可以被创建,取决于基础平台。特别是某些平台一次只允许一个 FileWriter(或其他文件写入对象)打开文件进行写入,在这种情况下,如果所涉及的文件已经打开,则此类中的构造方法将失败。FileWriter 用于写入字符流。要写入原始字节流,请考虑使用 FileOutputStream。FileWriter 类的常用构造方法有两种。

(1)FileWriter(String fileName):在给出文件名的情况下构造一个 FileWriter 对象。

(2)FileWriter(File file):在给出 File 对象的情况下构造一个 FileWriter 对象。

5. FileReader 类

用来读取字符文件的便捷类。此类的构造方法假定默认字符编码和默认字节缓冲区大小都是可接受的。要自己指定这些值,可以先在 FileInputStream 上构造一个 InputStreamReader。FileReader 用于读取字符流。要读取原始字节流,请考虑使用 FileInputStream。FileReader 类的常用构造方法有两种。

(1)FileReader(File file):使用 File 类型的文件对象创建一个新 FileReader。

(2)FileReader(String fileName):在给定从中读取数据的文件名的情况下创建一个新 FileReader。

6. PrintStream 类

使输出流能够方便地打印各种数据值表示形式。PrintStream 打印的所有字符都使用平台的默认字符编码转换为字节。在需要写入字符而不是写入字节的情况下,应该使用 Print-

Writer 类。PrintStream 类的常用构造方法为 PrintStream(OutputStream out)。该方法创建新的打印流,此流将不会自动刷新。PrintStream 类的常用方法见表 3-19。

表 3-19 PrintStream 类的常用方法

方法名称	功能描述
print(String s)	打印字符串
print(char[] s)	打印字符数组
print(Object obj)	打印对象
println(char x)	打印字符,然后终止该行
println(char[] x)	打印字符数组,然后终止该行
println(Object x)	打印对象,然后终止该行

7. PrintWriter 类

PrintWriter 是打印输出流,该流把 Java 语言的内构类型以字符的表现形式送到相应的输出流中,可以以文本的形式浏览。PrintWriter 类的常用构造方法有以下两种。

(1)PrintWriter(Writer out):创建不带自动行刷新的新 PrintWriter。

(2)PrintWriter(OutputStream out):根据现有的 OutputStream 创建不带自动行刷新的新 PrintWriter。此便捷构造方法创建必要的中间 OutputStreamWriter,后者使用默认的字符编码将字符转换为字节。

PrintWriter 类的常用方法见表 3-20。

表 3-20 PrintWriter 类的常用方法

方法名称	功能描述
print(String s)	打印字符串
print(int i)	打印整数
print(Object obj)	打印对象
close()	关闭该流
flush()	刷新该流的缓冲
println()	通过写入行分隔符字符串终止当前行
println(String x)	打印 String,然后终止该行

【例 3-29】用 PrintStream 与 PrintWriter 等类方法在屏幕中显示“简体中文”四个字符。

```
import java.io.*;
    public class StreamWriterDemo{
     public static void main(String[] args){
       try{
         byte[] sim={(byte)0xbc,(byte)0xf2,     //简
         (byte)0xcc,(byte)0xe5,                  //体
         (byte)0xd6,(byte)0xd0,                  //中
```

```
            (byte)0xce,(byte)0xc4};                    //文
          InputStreamReader inputStreamReader=new InputStreamReader(new
      ByteArrayInputStream(sim),"GB2312");
          PrintWriter printWriter = new PrintWriter ( new OutputStream-
Writer(System.out,"GB2312"));
          PrintStream printStream = new PrintStream ( System.out, true,"
GB2312");
         int in;
         while((in=inputStreamReader.read())! =-1){
           printWriter.println((char)in);
           printStream.println((char)in);}
        inputStreamReader.close();
        printWriter.close();
        printStream.close();
      }
      catch(ArrayIndexOutOfBoundsException e){
    e.printStackTrace();
    }
    catch(IOException e){
      e.printStackTrace();
      }
     }
    }
```

运行结果见图3-44。

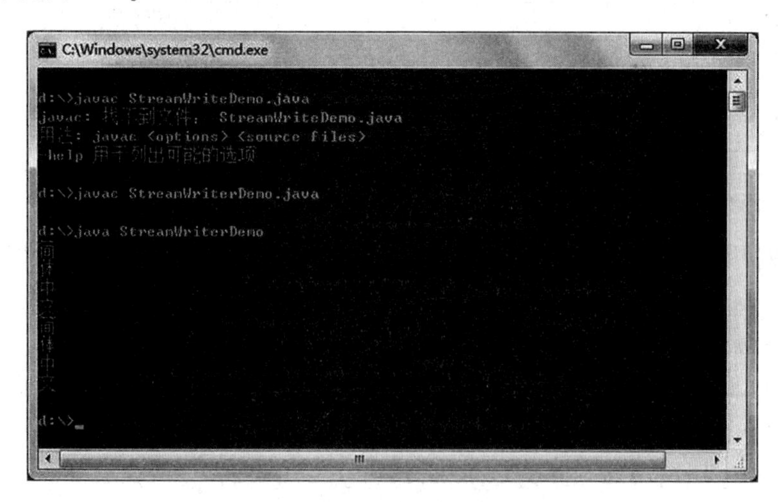

图3-44　运行结果

8. RandomAccessFile 类

此类的实例支持对随机存取文件的读取和写入。随机存取文件的行为类似存储在文件系统中的一个大型字节数组。存在指向该隐含数组的光标或索引，被称为“文件指针”；输入操作从文件指针开始读取字节，并随着对字节的读取而前移此文件指针。如果随机存取文件以读取/写入模式创建，则输出操作也可用；输出操作从文件指针开始写入字节，并随着对字节的写入而前移此文件指针。通常，如果此类中的所有读取例程在读取所需数量的字节之前已到达文件末尾，则抛出 EOFException（是一种 IOException）。如果由于某些原因无法读取任何字节，而不是在读取所需数量的字节之前已到达文件末尾，则抛出 IOException，而不是 EOFException。需要特别指出的是，如果流已被关闭，则可能抛出 IOException。RandomAccessFile 类的常用构造方法有两种。

（1）RandomAccessFile（File file，String mode）：创建从中读取和向其中写入（可选）的随机存取文件流，该文件由 File 参数指定。

（2）RandomAccessFile（String name，String mode）：创建从中读取和向其中写入（可选）的随机存取文件流，该文件具有指定名称。

RandomAccessFile 类的常用方法见表 3-21。

表 3-21　RandomAccessFile 类的常用方法

方法名称	功能描述
close( )	关闭此随机存取文件流并释放与该流关联的所有系统资源
getFD( )	返回与此流关联的不透明文件描述符对象
length( )	返回此文件的长度
read( )	从此文件中读取一个数据字节
char readChar( )	从此文件中读取一个 Unicode 字符
byte readByte( )	从此文件中读取一个有符号的八位值
read Boolean( )	从此文件中读取一个 Boolean
int skipBytes(int n)	尝试跳过输入的 n 个字节以丢弃跳过的字节
void setLength (long newLength)	设置此文件的长度
void seek(long pos)	设置到此文件开头测量到的文件指针的偏移量，在该位置发生下一个读取或写入操作
readUTF( )	从此文件中读取一个字符串
write(byte[ ] b)	将 b. length 个字节从指定字节数组写入到此文件，并从当前文件指针开始
writeBytes(String s)	按字节序列将一个字符串写入该文件
writeChars(String s)	按字符序列将一个字符串写入该文件

【例 3-30】有一个文件为 animal. txt，文件中列出了许多动物的名字。假设 animal. txt 已

有如下内容:“tiger”“bird”“pig”“fox”“fish”,利用 RandomAccessFile 在文件尾加上“antbee”“catdog”内容。

```
import java.io.RandomAccessFile;
class Test{
static public void main(String[] args){
RandomAccessFile rf;
  try{
   rf=new RandomAccessFile("animal.txt","rw");
   rf=seek(rf.length());
   rf=writeBytes("antbee \ncatdog \n");
   rf.close();
  }
catch(Exception e){
   System.out.println("There are some errores");
   System.ext(0);
   }
  }
}
```

3.6.5 过滤器流

过滤器流(FilterStream)是为某种目的过滤字节或字符的数据流。基本输入流提供的读取方法只能读取字节或字符,而过滤器流能够读取整数值、双精度值或字符串,但需要一个过滤器类来包装输入流。常见的过滤器类有以下几种。

(1)BufferReader:该过滤器用来对流的数据加以处理再输出。

(2)LineNumberReader:该过滤器也是一种缓冲流,用来记录读入的行数。创建该过滤器常用的方法为 intgetLineNumber()。使用该方法可得到目前的行数。

(3)PrintWriter:该过滤器用来将输出导入某种设备。

本章小结

本章主要讲解了 Java 编程基础、流程控制结构、Java 面向对象程序设计技术、例外处理、线程、输入/输出流的常用方法等相关知识。通过对本章的学习,读者应该掌握 Java 编程的基本结构、Java 编程的语法规范、Java 编程的数据类型等;掌握流程控制结构,包括选择结构、循环结构和跳转语句;理解面向对象程序设计的概念和特点;掌握类和对象、继承和接口等知识;明白例外处理机制、例外的处理及常见错误;了解线程的基本知识、创建方式、生命周期、线程之间的通信、线程的优先级;了解流的基本概念;掌握输入/输出流、字节流、字符流、过滤器流和 RandomAccessFile 类等知识。

本章习题

一、选择题

1. 每个 Java 的编译单元可包含多个类或界面,但是每个编译单元最多只能有(　　)类或者界面是公共的。

A. 1 个　　B. 2 个　　C. 4 个　　D. 任意多个

2. 下列说法中,(　　)是正确的。

A. Java 是不区分大小写的,源文件名与程序类名不允许相同

B. Java 语言以方法为程序的基本单位

C. Applet 是 Java 的一类特殊的应用程序,它嵌入 HTML 中,随主页发布到互联网上

D. 以//符开始的为多行注释语句

3. 下列说法错误的是(　　)。

A. Java 是面向对象语言

B. Java 以类为程序的基本单位

C. Java 语言中,对象和实体不是一一对应的关系

D. Java 语言中,类是具有某种功能的基本模块的描述

4. Java 语言的字节代码是一种(　　)。

A. 文本文件　　B. 图形文件　　C. 二进制文件　　D. 压缩文件

5. (　　)类是所有类的根,它所包含的属性和方法被所有类继承。

A. Class　　B. Object　　C. String　　D. System

6. (　　)类是一个特殊类,它是一个 final 类,此类不能实例化,它提供了标准输入/输出和系统环境信息的访问、设置。

A. Class　　B. Object　　C. System　　D. String

7. 以下不属于 Java 程序结构文件的是(　　)。

A. asp 文件　　B. Java 文件　　C. class 文件　　D. jar 文件

8. Java 程序结构中,源文件与程序公共类名(　　)。

A. 开头字母必须大写　　B. 不完全区分大小写

C. 必须相同　　D. 以上说法都不对

9. Java 中,八进制以(　　)开头。

A. 0x　　B. 0　　C. 0X　　D. 08

10. 关于变量的作用范围,下列说法错误的是(　　)。

A. 异常处理参数的作用域为整个类

B. 局部变量作用域为声明该变量的方法代码段

C. 类变量作用于声明该变量的类

D. 方法参数作用于传递到方法内的代码段

11. Java 中用( )关键字定义常量。

A. final　　B. #define　　C. float　　D. const

12. 下列数据类型转换,必须进行强制类型转换的是(　　)。

A. byte→int　　B. short→long

C. float→double　　D. int→char

13. 下列语句片段中,four 的值为(　　)。

```
int  three=3;
   char one='1';
   char four=(char)(three+one)
```

A. 3　　B. 1　　C. 31　　D. 4

二、简答题

1. 下列单词哪些是 Java 的合法标识符?哪些不是,请说明理由。

A. 1rt　　B. final　　C. My@ E_mail　　D. _abcE. number

2. Applet 生命周期中的关键方法包括哪些?

3. 什么是类的继承性?子类和父类有什么关系?

4. 什么是类的多态性?

5. this 和 super 类有什么作用?

6. 什么是构造方法?

7. 构造方法有何特点和作用?

8. InputStream、OutputStream、Reader、Writer 类的功能有何不同?

三、程序设计题

1. 编写一个程序,将从键盘输入的字符串中的所有数字去掉,最终输出字母。例如,当输入"12ab34c5d"时,输出为"abcd"。

提示:直接用 Reader 类和 Writer 类。

2. 使用 RandomAcessFile 类将一个文本文件倒置读出。

3. 编写程序,输出 1 ~ 100 间的所有奇数。

四、操作题

1. 编写程序,列出乘法口诀。

2. 以下程序的输出结果是什么?

```
public class Test1 {
  public static void main(String args[]) {
     int y, x=1, total=0;
     while(x<=10) {
     y=x*x;
   System.out.println(y);
   total+=y;
    ++x;
   }
  System.out.println("total is "+total);
```

```
    }
  }
```

3. 以下程序的输出结果是什么?

```
public class Test2 {
   public static void main(String args[]) {
     int count=1;
     while(count<=10) {
     System.out.println(count% 2==1?"* * * * ": "++++++++");
     ++count;
    }
   }
 }
```

4. 分析下面这段程序,指出父类、子类及它们的成员,成员的作用是什么?

```
class Point {
  int x, y;
  Point(int a, int b) {
setPoint(a,b);
}
 public void setPoint(int a, int b) {
x=a; y=b;
}
 }
 class Circle extends Point {
   int radius;
   Circle(int a, int b, int r) {
super(a,b); setRadius(r);
}
   public void setRadius(int r) {
radius=r;
}
   public double area() {
return 3.14159* radius* radius;
}
  }
```

5. 下面的程序有何错误?

```
public class Quiz1 {
        public static void main(String args[]) {
```

```
myMathod();
}
          myMathod() {
throw new MyException();
}
       }
     class MyException {
       public String toString() {
return "自定义异常";
}
     }
```

第 4 章 JSP 编程

本章导读

JSP 的全名为 Java Server Pages,中文名为 Java 服务器页面,其根本是一个简化的 Servlet 设计,是由 Sun Microsystems 公司倡导、许多公司参与、一起建立的一种动态网页技术标准。JSP 技术有些类似于 ASP 技术,它是在传统的网页 HTML(标准通用标记语言的子集)文件(*. htm, *. html)中插入 Java 程序段(Scriptlet)和 JSP 标记(tag),从而形成 JSP 文件,后缀名为(*. jsp)。用 JSP 开发的 Web 应用是跨平台的,既能在 Linux 下运行,也能在其他操作系统下运行。

本章目标

· 了解 JSP 基本知识

· 掌握 JSP 的指令元素、动作元素

· 掌握 JSP 的内置对象

4.1 JSP 基本知识

4.1.1 JSP 运行过程

JSP 是由 Sun 公司在 Java 语言的基础上开发出来的一种动态网页制作技术,是在 Java 语言编写的服务器端运行的页面。JSP 页面由 HTML 代码和嵌入其中的 Java 代码组成,可以使用平常得心应手的页面工具设计和编写 HTML 语句,然后将动态部分用特殊的标记嵌入即可,这些标记常常以“<%”开始并以“%>”结束。如以下 JSP 页面:

```
<html>
    <head>
        <title>JSP 页面的 Hello world</title>
    </head>
```

```
    <body>
        <I><% out.println("hello world");% ></I>
    </body>
</html>
```

它将输出“hello world”。

JSP 文件以 .jsp 为扩展名,需要将它放置到支持 JSP 的服务器路径下。尽管 JSP 文件看起来更像是 HTML 文件而不是 Servlet 文件。但事实上,它恰恰将被转换为 Servlet 文件,其中的静态 HTML 仅仅用来输出 Servlet 服务方法返回的信息。如果 JSP pages 已经被转换为 Servlet 且 Servlet 被编译进而被装载(在第一次被 Request 时),当再次访问此 JSP 页面时,将察觉不到一瞬的延迟。

JSP 运行过程见图 4-1。

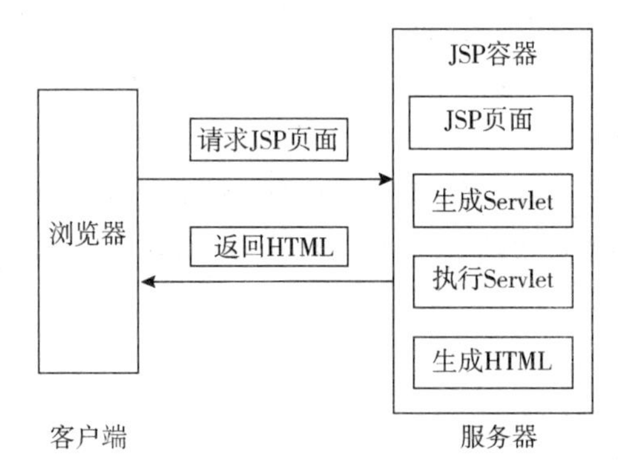

图 4-1 JSP 运行过程

4.1.2 JSP 特点

1. 将内容的生成和显示进行分离

使用 JSP 技术,Web 页面开发人员可以使用 HTML 或者 XML 标识来设计和格式化最终页面,使用 JSP 标识或者小脚本来生成页面中的动态内容。生成内容的逻辑被封装在标识和 JavaBeans 组件中,并且被捆绑在小脚本中,所有的脚本在服务器端运行。如果核心逻辑被封装在标识和 JavaBeans 中,那么其他人,如 Web 管理人员和页面设计者,就能够编辑和使用 JSP 页面,而不影响内容的生成。

在服务器端,JSP 引擎解释 JSP 标识和小脚本,生成所请求的内容(例如,通过访问 JavaBeans 组件,使用 JDBCTM 技术访问数据库,或者包含文件),并且将结果以 HTML(或者 XML)页面的形式发送回浏览器。这有助于作者保护自己的代码,而又保证任何基于 HTML 的 Web 浏览器的完全可用性。

2. 强调可重用的组件

绝大多数 JSP 页面依赖于可重用的、跨平台的组件(JavaBeans 或者 Enterprise Java BeansTM 组件)来执行应用程序所要求的更为复杂的处理。开发人员能够共享和交换执行普通操作的组件,或者使得这些组件为更多的使用者或者客户团体所使用。基于组件的方法加

速了总体开发过程,并且使得各种组织在其现有的技能和优化结果的开发努力中得到平衡。

3. 采用标识简化页面开发

Web 页面开发人员不会都是熟悉脚本语言的编程人员。JavaServer Page 技术封装了许多功能,这些功能是在易用的、与 JSP 相关的 XML 标识中进行动态内容生成所需要的。

标准的 JSP 标识能够访问和实例化 JavaBeans 组件、设置或者检索组件属性、下载 Applet,以及执行用其他方法更难于编码和更耗时的功能。通过开发定制化标识库,JSP 技术得以扩展。今后,第三方开发人员和其他人员可以为常用功能创建自己的标识库,这使得 Web 页面开发人员能够使用熟悉的工具和如同标识一样的执行特定功能的构件来工作。

JSP 技术很容易被整合到多种应用体系结构中,以利用现存的工具和技巧,并且扩展到能够支持企业级的分布式应用。作为采用 Java 技术家族的一部分及 Java 2(企业版体系结构)的一个组成部分,JSP 技术能够支持高度复杂的基于 Web 的应用。

4. 具有 Java 技术的所有好处,包括完善的存储管理和安全性等

由于 JSP 页面的内置脚本语言是基于 Java 编程语言的,而且所有的 JSP 页面都被编译成为 Java Servlet,于是 JSP 页面就具有了 Java 技术的所有好处,包括健壮的存储管理和安全性。

作为 Java 平台的一部分,JSP 拥有 Java 编程语言"一次编写,各处运行"的特点。随着越来越多的供应商将 JSP 支持添加到他们的产品中,用户可以尽情地使用自己所选择的服务器和工具,更改服务器或工具并不影响当前的应用。

4.1.3 JSP 2.0 新增功能

EL(表达式语言)是一种数据访问语言,其主要功能在于简化 JSP 的语法,方便 Web 页面开发人员的使用,使其可以方便地访问和处理应用程序数据,而无需使用 Scriptlet。EL 使 JSP 编写人员摆脱了 Java 语言,即使不懂 Java,也可以轻松编写 JSP 程序。

在 JSP 1.2 时代已经有了标签库,并且功能强大,但标签库的编程和调用都比较复杂,导致真正被应用到 Web 开发中的还是不多。JSP 2.0 推出的简单标签库扩展解决了以上问题。JSP 2.0 提供了一些较为简单的方法,让开发人员来撰写自定义标签。它提供了两种机制,分别为 Simple Tab 和 Tag File。简单标签库相对于 JSP 1.2 中的标签库来说,结构更简单,实现接口更少,可以轻松实现后台程序。Tag File 可以直接使用 JSP 的语法来制作标签。

4.1.4 JSP 编程规范

1. 页面构成

JSP 原始代码中包含静态页面和 JSP 元素两部分。静态页面是指 JSP 引擎不处理的部分,即标记<%……%>以外的部分,如代码中的 HTML、JavaScript 和 CSS 的内容等,这些数据会直接传送到客户端的浏览器。JSP 元素则是指将由 JSP 引擎直接处理的部分,这一部分必须符合 JSP 语法,否则会导致编译错误。JSP 元素主要包括以下三类:

(1)脚本元素(Scripting Elements):HTML 注释(<!-- comments -->)、隐藏注释(<%-- comments --%>)、声明、Java 程序段、表达式。

(2)指令元素(Directives Elements):page,include,taglib。

(3)动作元素(Action Elements):包括<jsp:forward>,<jsp:include>,<jsp:plugin>, <jsp:getProperty>,<jsp:setProperty>和<jsp:useBean>。

2. 命名规范

JSP 页面文件以扩展名 . jsp 来表示,文件的命名与 Java 语言相似,并且区分大小写。

3. 属性值

JSP 中使用的 JSP 元素如指令元素、动作元素等都可以指定属性。属性值的格式遵循 XML 规范,通常是放在双引号中。属性值可以有两种,即文字属性值和表达式,但引号的使用规则是一致的。

4.2 JSP 的指令元素

指令元素主要被用来提供与整个 JSP 网页相关的信息,并且被用来设定 JSP 页面的相关属性。JSP 的指令元素被服务器解释并执行,而在客户端是不可见的。

JSP 中共有三种指令元素,即 page 指令、include 指令和 taglib 指令。指令通常以“<%@”标记开始,以“%>”标记结束,通用语法如下:

```
<%@ 指令名 属性1="属性值1" 属性2=" 属性值2" …%>
```

4.2.1 page 指令

Page 指令即页面指令,主要被用来定义 JSP 页面的一些属性,语法格式如下:

```
<%@ page
[language="java" ]
[pageEncoding="characterSet " ]
[extends="package.class" ]
[import="{package.class | package.* },... " ]
[session="true | false" ]
[buffer="none | 8kb | sizekb" ]
[autoFlush="true | false" ]
[isThreadSafe="true | false" ]
[info="text" ]
[errorPage="relativeURL" ]
[contentType="mimeType; [charset=characterSet]"
[isErrorPage="true | false"]
%>
```

属性值总是用单引号或双引号括起来,如:

```
<% @  pagecontentType = "text/html; charset = GB2312 " import = "
java.util.* "% >
```

page 指令作用于整个 JSP 页面,同样包括静态的包含文件。但是 page 指令不能作用于动态的包含文件,如“<jsp:include>”(使用方法详见 4.3.1 JSP:include)。

page 指令可以放在 JSP 页面的任何地方,但习惯上放在 JSP 页面的开始部分。在以上所列的全部属性中,除了 import 和 pageEncoding 可以指定多次值外,其他属性只能指定一个值,否则将导致转换错误。以下语法正确:

```
<% @  page pageEncoding="GBK"import="java.util.* " % >
<% @  page pageEncoding="GBα312"import="java.awt.* " % >
```

而下列语法错误:

```
<% @  page session="true" % >
<% @  page session="false" % >
```

虽然两次指定的值不相同,但是不允许多次对 page 指令的 session 属性指定属性值。

下面分别介绍 page 指令的主要属性。

(1)language 属性。language 属性声明脚本语言的种类,目前只能用“默认值为 java 格式”,通常不写。

(2)pageEncoding 属性。pageEncoding 属性指定 JSP 页面的编码方式。为使 JSP 页面的字符编码方式支持中文,需要将此属性值设置为“GB2312”“GBK”“UTF-8”。

(3)contentType 属性。contentType 属性指定 JSP 页面输出内容的类型和字符编码方式。语法格式如下:

```
<% @  page contentType="内容类型; charset=编码方式" % >
```

属性值中内容类型部分的默认值为 text/html(输出纯文本的 HTML 页面),其他类型值还有:

text/plain:输出纯文本文件。

application/msword:输出 Word 文件。

application/x-msexcel:输出 Excel 文件。

属性值中的字符编码方式与 pageEncoding 值相似,为使输出内容支持中文,可能的值为“GB2312”“GBK”“UTF-8”。

常见 JSP 页面 page 指令的 contentType 属性定义如下:

```
<% @ page contentType="text/html;charset=GB2312"% >
```

(4)import 属性。Import 属性指定 JSP 需要导入的 Java 包的列表,这些包作用于程序段、表达式及声明。如:

```
<% @  page import="java.util.* " % >
```

在同一 JSP 页面中导入多个 Java 类包的,表达如下:

```
<% @  page import="java.util.* "," java.awt.* " % >
```

也可以表达如下:

```
<% @  page import="java.util.* "import="java.awt.* " % >
```

还可以使用多个 page 指令来导入,如:

```
<% @ page import="java.util.* " % >
<% @ page import="java.util.* " % >
```

另有一些 Java 类包是由 JSP 的 page 属性默认导入的,就不需要再指明了,如:

```
java.lang.* ;javax.servlet.* ;javax.servlet.jsp.* ;javax.servlet.http.*
```

(5) errorPage 属性和 isErrorPage 属性。errorPage 设置处理异常事件的 JSP 文件,如页面产生错误之后,即转向 errorPage 指定的错误页面。例如,指定错误显示页面 showError.jsp,当页面错误后转向 showError.jsp。isErrorPage 设置某页是否为出错页,如果被设置为 true,就能使用 exception 对象。

【例 4-1】在 errorPage.jsp 页面中设置 errorPage 属性的属性值为 ShowError.jsp,在 showError.jsp 页面设置 isErrorPage 属性的属性值为 true。

文件:errorPage.jsp

```
<% @ page language ="java"import ="java.util. * "pageEncoding =" GB2312"% >
<! DOCTYPE HTML PUBLIC "-//W3C//DTD HTML 4.01 Transitional//EN">
<% @ page errorPage="ShowError.jsp"% >
<html>
  <head>
    <title>errorPage 属性应用</title>
  </head>
  <body>
    <p>errorPage 属性应用举例:下面程序执行产生异常,页面转到 showError.jsp</p>
    <%
    int a=10;
    int b=0;
    a=a/b;
    % >
  </body>
</html>
```

文件:showError.jsp

```
<% @ page language ="java" import ="java.util. * "pageEncoding =" GB2312"% >
<! DOCTYPE HTML PUBLIC "-//W3C//DTD HTML 4.01 Transitional//EN">
<% @ page isErrorPage="true" % >
<html>
  <head>
```

```
        <title>exception 对象示例</title>
    </head>
    <body>
        <p>isErrorPage 属性应用举例:将显示异常原因</p>
        <p><b>出错信息:</b><% = exception.getMessage()% >.<br>
        <% = exception.toString()% ></p>
        <p><b>详细出错原因:</b>
        <div>
        <%
            java.io.CharArrayWriter cw = new java.io.CharArrayWriter();
            java.io.PrintWriter pw = new java.io.PrintWriter(cw,true);
            exception.printStackTrace();
    % >
    </div>
  </body>
</html>
```

将这两个文件部署到 tomcat 的 webapps\chapter4 目录下，在浏览器地址栏中输入"http://localhost:8080/bookshop/chapter4/errorPage.jsp"，执行结果见图 4-2。

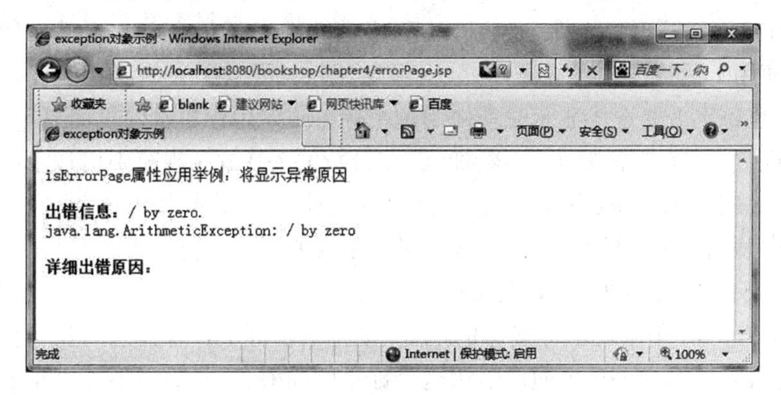

图 4-2 exception 应用效果

(6) buffer 属性和 autoFlush 属性。buffer 属性指定本页面的输出是否支持缓冲区，取值为"none"或指定数值。如为前者，则表示不使用缓冲区，直接输出结果。

autoFlush 属性指定本页面缓冲区填满时，缓冲区是否自动刷新。该属性的默认值为"true"，表示缓冲区自动刷新；如设置为"false"，输出缓冲区填满时将产生缓存溢出异常。

当 buffer 属性取值为"none"时，autoFlush 属性只能取值为"true"，不能设置为"false"，否则一有输出即产生缓存溢出异常。

(7) 其他属性：extends，info，isELIgnored。

extends 属性指定本页面生成的 Servlet 所继承的类。

info 属性返回本页面的描述信息。

isELIgnored 属性指定本页面是否支持 EL 表达式,默认值为"false"。isELIgnored 属性值被设置为"true"时,将禁止使用 EL 表达式。

4.2.2 include 指令

include 指令的作用是在 JSP 页面出现该指令的位置静态插入一个文件,即通知 JSP 容器在当前页面的 include 指令位置嵌入指定的资源文件的内容。该文件与当前文件可以不在同一位置,但必须在同一 Web 应用中。

静态包含是指在 include 指令出现的位置插入另一文件的全部内容,并合并成一个新的 JSP 页面。常见应用是将大部分页面中相同的部分形成被包含文件,使用 include 指令引入到各个文件中。

如页面头文件 head. jsp,页脚文件 foot. jsp。

```
<% @ include file ="head.jsp"% >
<% @ include file ="foot.jsp"% >
```

若在本页面用 include 指令引入其他页面,则引入的页面也可以见到本页面前面声明的变量。

4.2.3 taglib 指令

taglib 指令允许页面使用自定义标签。如果使用自定义标签,首先要开发自定义标签库(taglib),为标签库编写配置文件(以 . tld 为后缀的文件),然后在 JSP 页面中使用该自定义标签。由于使用了标签,增加了代码的重用程度,例如,可以把一些需要迭代显示的内容做成一个标签,在每次需要迭代显示时就使用这个标签。使用标签也使页面易于维护。

在 JSP 规范中,标签库得到了不断加强,在最新的 JSP 2.0 规范中增加了 JSP 标准标签库(JSP Standard Tag Library,JSTL),用户可以直接应用。

在 JSP 中利用自定义标签库或 JSTL 的语法格式如下:

```
<% @ taglib uri="标签库的 uri" prefix="前缀名"% >
```

其中,标签库 uri 用来表示标签库的地址,也就是告诉 JSP 容器怎么找到标签描述文件和标签库;前缀名表示在 JSP 页面里引用这个标签的前缀,这些前缀不可以是 jsp、jspx、java、javax、sun、servlet 和 sunw。

有关标签的定义和应用将在本书第 8 章作详细介绍。

4.3 JSP 的动作元素

JSP 动作元素用于控制 JSP 容器的动作。与指令元素不同,动作元素在请求处理阶段起作用。JSP 容器在处理 JSP 页面时,遇到动作元素会根据它的标签进行特殊的处理。

JSP 动作元素采用 XML 语法编写,可以采用以下两种格式中的一种。

```
<prefix:tag { attribute ="value" } * />
```

或者

```
<prefix:tag { attribute ="value" } * >
…
</ prefix:tag >
```

JSP 规范定义了一系列的标准动作,它们用 jsp 作为前缀。JSP 规范定义的标准动作元素按版本分类如下:

第一类:JSP 1.2 的动作元素。

· 基本动作元素:<jsp:include>、<jsp:forward>、<jsp:param>、<jsp:plugin>、<jsp:params>和<jsp:fallback>。

· 与存取 JavaBean 有关:<jsp:useBean>、<jsp:setProperty>和<jsp:getProperty>。

第二类:JSP 2.0 新增的动作元素。

· 与 JSP document 有关: <jsp:root>、<jsp:declaration>、<jsp:scriptlet>、<jsp:expression>、<jsp:text>和<jsp:output>。

· 主要用来动态生成 XML 元素标签的值:<jsp:attribute>、<jsp:body>和<jsp:element>。

· 主要用在 Tag File 中:<jsp:invoke>和<jsp:doBody>。

在标准动作中,有许多是 XML 语法的动作元素,如<jsp:root>、<jsp:declaration>和<jsp:scriptlet>等,它们的使用范围不是很广泛,本书不作介绍。下面介绍 JSP 中使用最频繁的几个动作元素,主要有<jsp:include>、<jsp:param>、<jsp:plugin>、<jsp:forward>、<jsp:useBean>、<jsp:getProperty>和<jsp:setProperty>等。

4.3.1 jsp:include

<jsp:include>动作元素用于在当前 JSP 页面中包含一个静态的或者动态的资源,运行效率略低于<%@ include%>指令,但是可以动态增加内容,<jsp:include>动作元素格式如下:

```
<jsp:include page="包含文件 URL"flush="true|false">
```

flush 的默认值为 false。

<jsp:include>动作元素允许用户包含动态文件和静态文件,但是这两种包含文件的结果是不同的。

(1)包含静态文件:只是单纯地把静态文件内容加到 JSP 页面中,不会进行任何处理。

(2)包含动态文件:先对动态文件进行处理,然后将处理结果加到 JSP 页面中。

<jsp:include>动作元素与 include 指令的主要区别是:前者是在页面执行时动态包含,后者是在编译时静态包含。

下面通过具体例子来说明<jsp:include>动作的使用。在例 4-2 中,首先通过<%@ include file="Login.html"%>指令静态包含当前路径下的 login.html 文件。login.html 提供一个表单,让用户输入用户名和密码;然后使用<jsp:include>动作动态包含当前路径下的 SayHello.jsp 文件,同时使用<jsp:param>向 SayHello.jsp 文件动态传递参数 name 和 password。

【例 4-2】<jsp:include>的使用。

文件:Jsp_include. jsp

```
<%@ page import="java.util.*" pageEncoding="GB2312"%>
<!DOCTYPE HTML PUBLIC "-//W3C//DTD HTML 4.01 Transitional//EN">
<html>
    <head>
      <title>jsp:include 动作元素应用</title>
    </head>
    <body>
    <% //将文件 Login.html 静态包含进来 %>
    <%@ include file="Login.html" %>
    <hr><a href="SayHello.jsp">goto SayHello</a><br>
    <% //将文件 SayHello.jsp 动态包含进来 %>
    <% //同步传递参数值 %>
    <jsp:include flush="true" page="SayHello.jsp">
                < jsp: param  name = " name "  value = " <%  =
request.getParameter("name")%>" />
         <jsp:param name="password" value="<% =request.getParameter("
password")%>" />
    </jsp:include>
    </body>
</html>
```

文件:Login. html

```
<%@ page import="java.util.*"pageEncoding="GB2312"%>
<!DOCTYPE HTML PUBLIC "-//W3C//DTD HTML 4.01 Transitional//EN">
<html>
    <body>
        <form method="post" action="Jsp_include.jsp">
        <table>
            <tr>
                <td>用户名:</td>
                <td><input type="text" name="name"></td>
            </tr>
            <tr>
                <td>密码:</td>
                <td><input type="text" name="password"></td>
            </tr>
```

```
                <tr>
                    <td colspan="2" align="center"><input type=
submit value=登录></td>
                </tr>
            </table>
            </form>
        </body>
    </html>
```

文件:SayHello. jsp

```
<% @ page pageEncoding="GB2312"% >
<! DOCTYPE HTML PUBLIC "-//W3C//DTD HTML 4.01 Transitional//EN">
<br>您输入的用户名是:<% =request. getParameter("name")% >
<br>您输入的密码是:<% =request. getParameter("password")% >
<br><% out. println("hello from SayHello. jsp");% >
```

将这三个文件部署到 tomcat 的 webapps\chapter4 目录下,在浏览器地址栏中输入"http://hx001:8080/bookshop/chapter4/Jsp_include. jsp",运行结果见图 4-3。

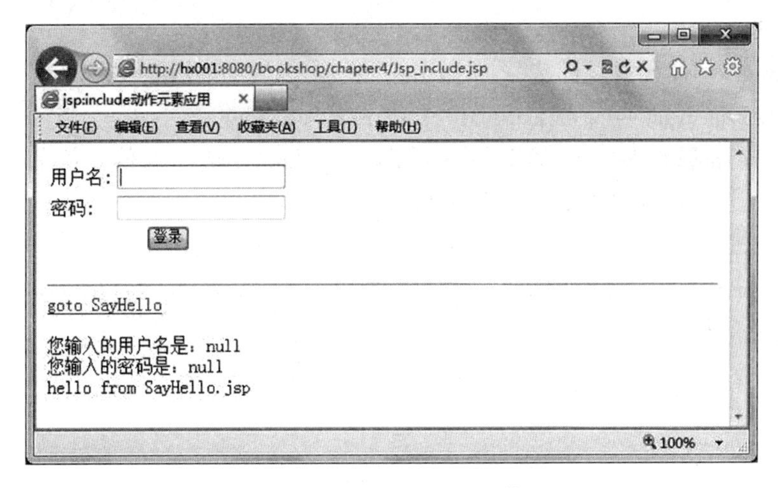

图 4-3　Jsp_include. jsp 运行效果 1

此时还没有填写表单,所以传递给 SayHello. jsp 页面的两个参数都是空值。

在"用户名"文本框中输入"sandy",在"密码"文本框中输入"123456",单击"登录"按钮,运行结果见图 4-4。

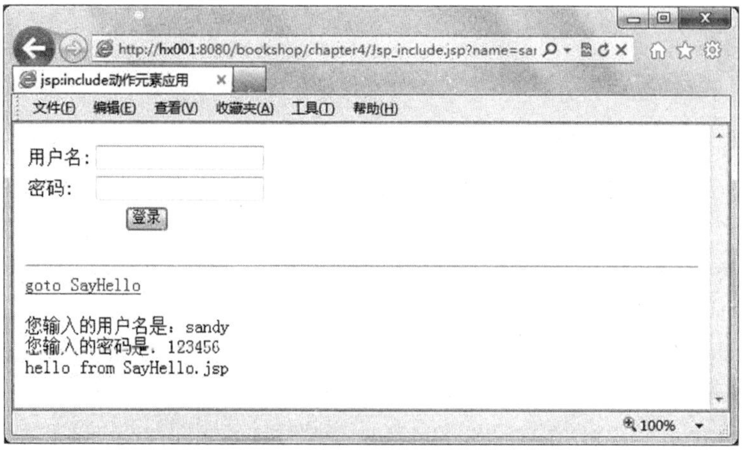

图 4-4 Jsp_include. jsp 运行效果 2

4.3.2 jsp:param

<jsp:param>动作元素被用来以“名-值(name-value)”对的形式为其他动作提供附加信息,它一般与<jsp:include>、<jsp:forward>、<jsp:plugin>动作元素配合使用,用于向这些动作元素传递参数。

<jsp:param>动作元素以标签“<jsp:param”开始,以“/>”结束,格式如下:

```
<jsp:param name="paramName" value="value"/>
```

其中,name 为属性相关联的关键字或名字,value 为属性的值。例如,与上例<jsp:include>一起使用,向 SayHello. jsp 传递参数。

```
<jsp:include page="SayHello.jsp" flush="true">
<jsp:param name="name" value="<% =request.getParameter(' name
' )% >" />
<jsp:param name="password" value="<% =request.getParameter('
password' )% >" />
</jsp:include>
```

4.3.3 jsp:forward

<jsp:forward>动作元素用来将客户端所发送的请求,从一个 JSP 页面转发到另一个 JSP 页面、Servlet 或者静态资源文件,请求被转向到的资源必须位于与发送请求的 JSP 页面相同的上、下文环境之中。每当遇到此动作时,就停止当前 JSP 页面的执行,转而执行被转发的资源,当前页面的<jsp:forward>标签之后的程序将不能被执行。

<jsp:forward>动作元素的语法格式如下:

```
<jsp:forward page={"URL" | "<% = expression % >"} />
```

或

```
<jsp:forward page={"URL" | "<% = expression % >"} >
```

```
<jsp:param name="paramName" value="paramValue" />
…
</jsp:forward>
```

(1) page={"URL" | "<% = expression % >"}。page 的值既可以是一个相对路径，即所要重新导向的页面位置，也可以是经过表达式运算出的路径，它用于说明将要转向的文件或 URL。这个文件可以是 JSP 文件，也可以是程序段，或者是其他能够处理 request 对象的文件。

(2) <jsp:param name="paramName" value="paramValue" />。name 指定参数名，value 指定参数值。参数被发送到一个动态文件，可以是一个或多个值，而这个文件必须是动态文件。

如果要传递多个参数，则可以在一个 JSP 文件中使用多个<jsp:param>，将多个参数发送到一个动态文件中。

举例如下：

```
<jsp:forward page="/SayHello.jsp" />
```

或者

```
<jsp:forward page="/SayHello.jsp"><jsp:param name="username" value=
"Joseph" /></jsp:forward>
```

<jsp:forward>动作的典型应用是登录验证。当验证通过后，显示欢迎词；如果验证不通过，则重新回到登录页面。

【例 4-3】<jsp:forward>的应用。

文件：Forward_Login.jsp

```
<%@ page import="java.util.*" pageEncoding="GB2312"%>
<!DOCTYPE HTML PUBLIC "-//W3C//DTD HTML 4.01 Transitional//EN">
<html>
  <head>
    <title>用户登录</title>
  </head>
  <body>
     <form action="Forward_Check.jsp">
     用户名:<input type="text" name="username"><br>
     密  码:<input type="password" name="password"><br>
         <input type="submit" value="提交">
     </form>
     <%
     if(request.getParameter("username")!=null)
     {
         out.println("用户名:"+request.getParameter("username")+"
```

```
密码错误,请重新输入!");
        }
        %>
      </body>
    </html>
```

文件:Forward_Check. jsp

```
<%@ page import="java.util.*" pageEncoding="GB2312"%>
<!DOCTYPE HTML PUBLIC "-//W3C//DTD HTML 4.01 Transitional//EN">
<html>
    <head>
        <title>用户信息确认</title>
    </head>
    <body>
      <%
          String name=request.getParameter("username");
          String password=request.getParameter("password");
          String[] username={"rose","sandy"};
          String[] pass={"123","456"};
          int i=0;
          for(;i<username.length;i++)
          {
                if(username[i].equals(name))
                {
                    if(pass[i].equals(password))
                    {
                          //欢迎信息
                        out.println("登录成功! <br>");
                                                out.println ( " 欢 迎 你 " +
session.getAttribute("username")+"<br><br>");
                        out.println("<a href=\'  Logout.jsp\'  >退出
</a>");
                        break;
                    }
                }
          }
          if(i>=username.length)
          {
```

```
        %>
            <jsp:forward page="Forward_Login.jsp"><jsp:param name
="username" value="<%=name%>"/></jsp:forward>
        <%
            }
        %>
      </body>
    </html>
```

将这两个文件部署到 tomcat 的 webapps\chapter4 目录下，在浏览器地址栏中输入“http://localhost:8080/bookshop/chapter4/Forward_Check.jsp?”，运行结果见图4-5。

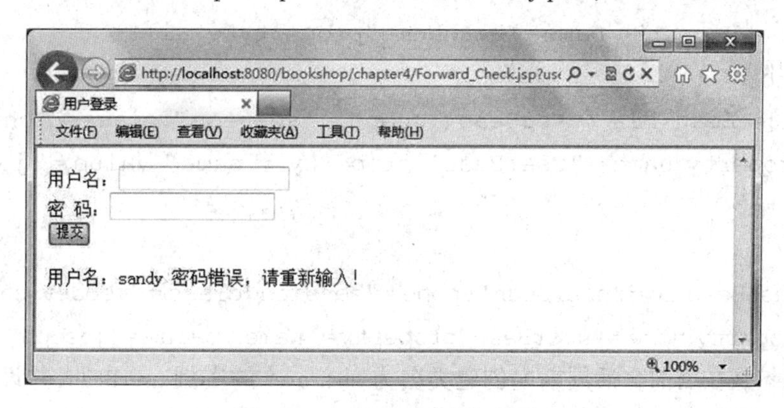

图 4-5 jsp:forward 运行效果

4.3.4 jsp:useBean

<jsp:useBean>动作元素用来在 JSP 页面中创建一个 Bean 实例并指定它的名字(id)及作用范围(scope)。其常用语法格式如下：

```
<jsp:useBean id="name" scope="page|request|session|application"
typeSpec />
```

或者

```
<jsp:useBean id="name" scope="page|request|session|application"
typeSpec>
主体
</jsp:useBean>
```

举例如下：

```
<jsp:useBean id="cart" scope="session" class="session.Carts"/><
jsp:setProperty name="cart" property="*"/>
```

或者

```
<jsp:useBean id="cart" scope="session" class="session.Carts"><
jsp:setProperty name="cart" property="*"/></jsp:useBean>
```

其中，“id="cart"”是指 Bean 实例名为 cart；“scope="session"”是指使用范围是 session（一个会话周期），其他可指定的使用范围还有 page（当前页面）、request（两个相邻页面）、application（整个 Web 应用）；“class="session. Carts"”是指 Bean 的类名。

<jsp:useBean>的主体部分仅仅在<jsp:useBean>实例化时才会被执行，如果该 Bean 已经存在，<jsp:useBean>能够定位它，那么主体中的内容将不再起作用。

4.3.5 jsp:setProperty

<jsp:setProperty>动作元素用来在一个 JSP 页面中设置已经创建的 Bean 实例的属性值。<jsp:setProperty>标签通过使用 Bean 给定的 setXXX()方法在 Bean 中可以设置一个或多个属性值。其语法格式如下：

```
<jsp:setProperty name="beanName"propertyDetails />
```

举例如下：

```
<jsp:useBean id="userBean" scope="session" class="ch4.user"><jsp:setProperty name="userBean" property="name" value="joseph"/></jsp:useBean>
```

或者

```
<jsp:useBean id="userBean"scope="session"class="webdev. ch4. user"/><jsp:setProperty name="userBean"property="name" value="joseph"/>
```

以上语句是在当前会话周期内创建类名为 ch4. user 的实例 userBean，并设置实例 userBean 的 name 属性值为 joseph。

4.3.6 jsp:getProperty

<jsp:getProperty>动作元素用来获取 Bean 实例的属性的值并将之转化成字符串，然后将其插入到输出的页面中，它与<jsp:setProperty>的作用相反。其语法格式如下：

```
<jsp:getProperty name="beanName" property="propertyName" />
```

举例如下：

```
<jsp:useBean id="userBean" scope="session" class="ch4.user"/><jsp:getProperty name="userBean" property="name"/><jsp:getProperty name="userBean" property="password"/>
```

以上语句是获取当前会话周期内的实例 userBean 的属性 password 的属性值。

4.3.7 jsp:plugin、jsp:params 和 jsp:fallback

<jsp:plugin>动作元素用来动态地下载服务器的 JavaBeans 或 Applet 到客户端的浏览器上执行，也就是直接在浏览器上执行 Java 程序。其语法格式如下：

```
<jsp:plugin type="bean | applet" code=" objectCode " codebase=" objectCodebase " [ name=" ComponentName " ] [ archive=" archiveList, ... " ] [ align="alignment " ] [height="height" width="width" ] [hspace="
```

```
hspace" vspace="vspace" ] [ jreversion=" jreversion " ] [ nspluginurl="
URLToPlugin" ] [ iepluginurl="URLToPlugin" ] > [ <jsp:params> [ <jsp:pa-
ram name=PN" value="PV | <% = expression % >]" /> ] </jsp:params> ] [ <
jsp:fallback> text message for user </jsp:fallback> ] </jsp:plugin>
```

(1) type="bean|applet":将被执行的对象的类型。必须指定是 Bean 还是 Applet,因为这个属性没有默认值。

(2) code="objectCode":将被 Java Plugin 执行的 Java 类名称。必须以 . class 结尾,并且 . class 类文件必须存在于 codebase 属性所指定的目录中。

(3) codebase="objectCodebase":设定将被执行的 Java 类的目录(或者是路径)的属性,默认值为使用<jsp:plugin>的 JSP 网页所在的目录。

(4) name="ComponentName":指定 Bean 或 Applet 的名字。

(5) archive="archiveList":一些由逗号分开的路径名,用于预先加载一些将要使用的类。此做法可以提高 Applet 的性能。

(6) align="alignment":设定图形、对象和 Applet 的位置。align 的值可以为 bottom、top、middle、left 和 right。

(7) height="height" width="width":显示 Applet 或 Bean 的长、宽的值,单位为像素(pixel)。

(8) hspace="hspace" vspace="vspace":表示 Applet 或 Bean 显示时在屏幕左右、上下所需留下的空间,单位为像素(pixel)。

(9) jreversion="jreversion":表示 Applet 或 Bean 执行时所需的 Java Runtime Environment (JRE)版本,默认值是 1. 1。

(10) nspluginurl="URLToPlugin ":表示 Netscape Navigator 用户能够使用的 JRE 的下载地址,此值为一个标准的 URL。

(11) iepluginurl="URLToPlugin ":表示 IE 用户能够使用的 JRE 的下载地址,此值为一个标准的 URL。

(12) <jsp:params>:可以传送参数给 Applet 或 Bean。通常和<jsp:param>配合使用,可以传送参数给 Applet 或 Bean。

(13) <jsp:fallback> text message for user </jsp:fallback>:当不能启动 Applet 或 Bean 时,显示给用户的文本信息。

Tomcat 的 jsp-examples 下有一个使用<jsp:plugin>标签的例子,如例 4-4 所示。

【例 4-4】在 JSP 中插入 Applet(plugin. jsp)。

```
<html>
   <head>
      <title> Plugin example </title>
   </head>
   <body bgcolor="white">
      <h3> Current time is : </h3>
```

```
    <jsp:plugin type = " applet " code = " Clock2. class " codebase = "/
webdev/ch4 /applet" jreversion="1.2"width="160" height="150" >
    <jsp:fallback> Plugin tag OBJECT or EMBED not supported by brow-
ser. </jsp:fallback>
    </jsp:plugin>
    <h4><font color=red> The above applet is loaded using the Java
Pluginfrom a jsp page using the plugin tag. </font></h4>
  </body>
</html>
```

4.4 JSP 的内置对象

JSP 页面中包含九个内置对象,在 JSP 页面中无需声明就可以直接使用。这九个内置对象是:request、response、session、application、out、config、exception、pageContext、page。在 Web 应用开发中,这些内置对象是最为常用的对象。

(1) request 对象可用来获取客户端提交的数据,如表单中的数据、网页地址后带的参数等。

(2) response 对象可用来向客户端输入数据。

(3) session 对象可用来保存在服务器与一个客户端之间需要保留的数据。当客户端关闭网站(或称"系统")的所有网页时,session 变量会自动清除。

(4) application 对象可用来提供一些全局的数据、对象,一旦创建(在服务器开始提供服务时,即第一次被访问时,application 对象就会被创建),就会一直保持到服务器关闭服务为止。

(5) out 对象可用来向客户端浏览器输出数据。

(6) config 对象是 JSP 配置处理程序的句柄,在 JSP 页面范围内有效。

(7) exception 对象用来处理 JSP 文件执行时发生的所有错误和异常,只有在 page 指令中设置 isErrorPage 属性值为 true 的页面中才可以被使用,在一般的 JSP 页面中使用该对象将无法编译 JSP 文件。

(8) pageContext 对象可用来管理属于 JSP 中特殊可见部分中已命名对象的访问。

(9) page 对象是指向当前 JSP 程序本身的对象,是 java、lang、Object 类的实例对象,它可以使用 Object 类的方法。

4.4.1 request 对象

request 对象是 JSP 中重要的对象,可以用来获取客户端提交的数据,如表单中的数据、网页地址后带的参数等。request 对象的常用方法见表 4-1。

表 4-1 request 对象的常用方法

方法	说明
getAttribute(String name)	返回由 name 指定的属性值,name 不存在则返回 null
getAttributeNames()	返回 request 对象所有属性的名字集合,结果是一个枚举的实例
getCookies()	返回客户端的所有 Cookie 对象,结果是一个 Cookie 数组
getContentLength()	返回请求的 Body 的长度
getHeader(String name)	获得 HTTP 协议定义的文件头信息,头名称有 accept、referer、accept-language、content-type、accept-encoding、user-agent、host、content-length、connection、cookie 等
getHeaders(String name)	返回指定名字的 request Header 的所有值,结果是一个枚举的实例
getHeaderNames()	返回所有 request Header 的名字,结果是一个枚举的实例
getParameter(String name)	获得客户端传送给服务器端的由 name 指定的参数值
getParameterNames()	获得客户端传送给服务器端的所有参数的名字,结果是一个枚举的实例
getParametervalues(String name)	获得由 name 指定的参数的所有值
getProtocol()	获取客户端向服务器端传送数据所依据的协议名称
getQueryString()	获得查询字符串
getRequestURI()	获取发出请求字符串的客户端地址
getRemoteAddr()	获取客户端的 IP 地址
getRemoteHost()	获取客户端的名字
getServerName()	获取服务器的名字
getServletPath()	获取客户端所请求的脚本文件的路径
getServerPort()	获取服务器的端口号

下面分别介绍 request 常用案例。

(1)获取客户端及服务器信息。Web 应用开发中常常需要获取客户端信息和服务器信息,如控制同一台客户端打开同一页面、获取应用服务的路径等。

【例 4-5】获取客户端及服务器信息。

文件:GetJspInfo. jsp

```
<%@ page language="java" import="java.util.*"pageEncoding="GB2312"%>
<!DOCTYPE HTML PUBLIC "-//W3C//DTD HTML 4.01 Transitional//EN">
<html>
  <head>
    <title>获取客户端及服务器信息</title>
  </head>
  <body>
    <h1>获取的相关信息:</h1>
```

```
请求的协议是:<% =request.getProtocol()% > <br>
客户端的名字是:<% =request.getRemoteHost()% > <br>
客户端的 IP 地址是:<% =request.getRemoteAddr()% ><br>
你使用的浏览器是:<% =request.getHeader("User-Agent")% ><br>
服务器的名字是:<% =request.getServerName()% > <br>
服务器的服务端口是:<% =request.getServerPort()% ><br>
当前页面文件路径:<% =request. getServletPath()% >
Web 应用实际路径:<% =request.getRealPath("/")% ><br>
Servlet 路径:<% =request.getRealPath("servlet")% >
</body>
</html>
```

将这个文件部署到 tomcat 的 webapps\chapter4 目录下,在浏览器地址栏中输入"http://localhost:8080/bookshop/chapter4/GetJspInfo. jsp",运行结果见图 4-6。

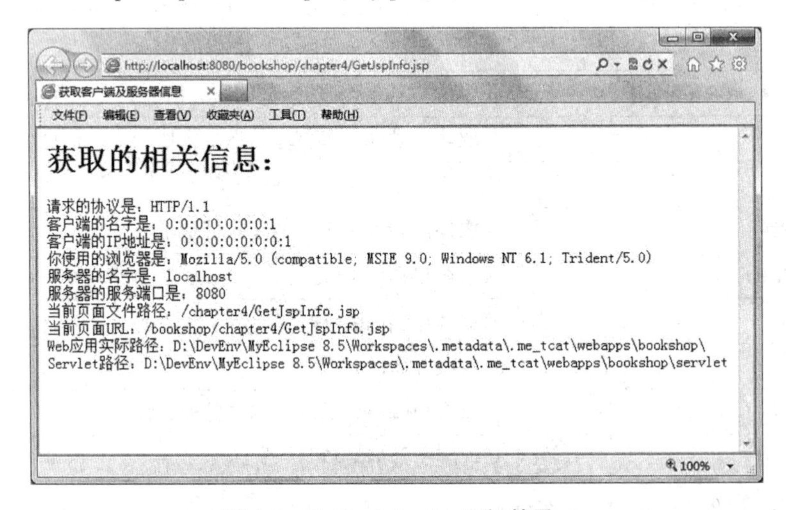

图 4-6　GetJspInfo. jsp 运行效果

(2)获取表单信息。表单用于收集用户信息,一旦用户提交请求,表单的信息将会提交给对应的处理程序。在 JSP 页面中,request 对象用来获取表单信息。

【例 4-6】获取表单信息。

本例中使用 RegistInfo. jsp 收集用户注册信息,提交后在 DealRegist. jsp 中显示收集到的用户注册信息。

文件:RegistInfo. jsp

```
<% @  page contentType="text/html; charset=gb2312"% >
<! DOCTYPE HTML PUBLIC "-//W3C//DTD HTML 4.01 Transitional//EN">
<html>
  <head>
    <title>用户注册</title>
  </head>
```

```
  <body>
    <FORM id="form1" method="post" action="DealRegist.jsp">
        用户名: <input type="text" name="username"><hr>
        性别:<input type="radio" name="gender" value="男">男
              <input type="radio" name="gender" value="女">女<hr>
        喜欢的颜色: <input type="checkbox" name="color" value="红"
>红
                    <input type="checkbox" name="color" value="绿">绿
                    <input type="checkbox" name="color" value="蓝">
蓝<hr>
        来自的省份:<select name="province">
                    <option value="北京">北京</option>
                    <option value="上海">上海</option>
                    <option value="天津">天津</option>
                    <option value="江苏">江苏</option>
                    <option value="广东">广东</option>
                    <option value="湖北">湖北</option>
              </select><hr>
        <input type="submit" value="提交">
        <input type="reset" value="重置">
    </FORM>
  </body>
</html>
```

文件:DealRegist.jsp

```
<%@ page contentType="text/html; charset=gb2312"%>
<!DOCTYPE HTML PUBLIC "-//W3C//DTD HTML 4.01 Transitional//EN">
<html>
  <head>
    <title>用户注册信息处理</title>
  </head>
  <body>
    <%
    //设置解码方式,对于中文使用 GBK 解码
    request.setCharacterEncoding("GBK");
    //下面依次获取表单域的值
    String name = request.getParameter("username");
    String gender = request.getParameter("gender");
```

```
        //如果表单域是复选框,将使用该方法获取多个值
        String[] color = request.getParameterValues("color");
        String province = request.getParameter("province");
        %>
        <!--下面依次输出表单域的值 -->
        您的账号: <%=name %><hr>
        您的性别: <%=gender %><hr>
        <!--输出复选框获取的数组值  -->
        您喜欢的颜色: <% for(String c: color) {out.println(c +" ");}%><
hr>
        您来自的省份: <%=province %><hr>
      </body>
    </html>
```

在页面中可大量使用 request 对象来获取表单域的值,获取表单域的值有如下两个方法。

①String getParameter(String paramName):获取表单域的值。

②String getParameterValues(String paramName):获取表单域的数组值,如复选框表单域。

在获取表单域的值之前,先设置 request 的解码方式,因为获取的参数是简体中文,所以使用 GBK 的解码方式。设置解码方式时使用如下方法:setCharacterEncoding("GBK")。

将这两个文件部署到 tomcat 的 webapps\chapter4 目录下,在浏览器地址栏中输入"http://localhost:8080/bookshop/chapter4/RegistInfo.jsp",运行结果见图 4-7 和图 4-8。

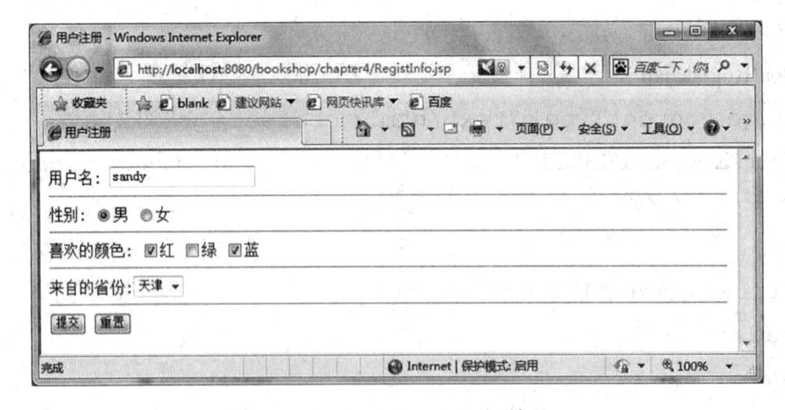

图 4-7　RegistInfo.jsp 运行效果

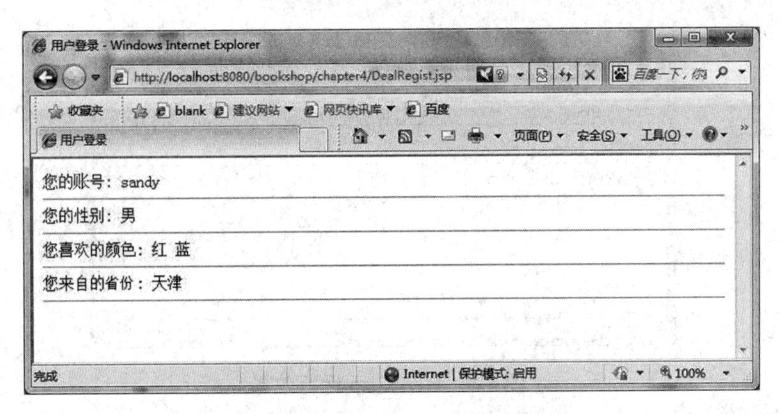

图 4-8 DealRegist. jsp 运行效果

(3)获取地址栏参数信息。如果需要传递的参数是普通字符串,且传递的参数较少,可以通过地址栏传递。地址栏传递参数的格式是 urI? paraml = va1ue1¶m2 = value2&…,请求的 urI 和参数之间以"?"分隔,而多个参数之间以"&"分隔。

【例 4-7】获取地址栏参数信息。

文件:Hello. jsp

```
<% @ page contentType="text/html; charset=gb2312" % >
<! DOCTYPE HTML PUBLIC "-//W3C//DTD HTML 4.01 Transitional//EN">
<html>
    <head>
      <title>获取地址栏参数</title>
    </head>
    <body>
      <%
      //设置解码方式,对于中文使用 GBK 解码
      request. setCharacterEncoding("GBK");
      //下面依次获取表单域的值
      String name = request. getParameter("name");
      String provence = request. getParameter("provence");
      % >
      <!--下面依次输出参数的值 -->
      您的账号: <% =name % ><hr>
      您来自的省份: <% =provence % ><hr>
    </body>
  </html>
```

将这个文件部署到 tomcat 的 webapps\chapter4 目录下,在浏览器地址栏中输入"http://localhost:8080/bookshop/chapter4/Hello. jsp? name = sandy&provence = jian",运行结果见图 4-9。

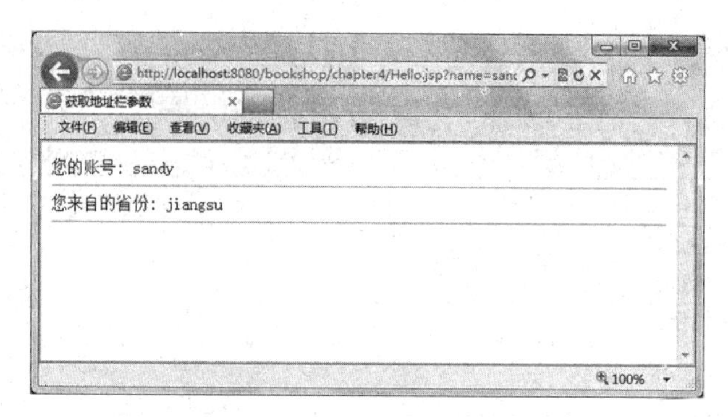

图 4-9 Hello. jsp 运行效果

(4)获取请求属性。request 对象还包含用于设置和获取请求属性的两个方法:

①void setAttribute(String attName, Object attValue)

②Object getAttribute(String attName)

当页面执行<jsp:forward>动作元素时,请求的参数和请求属性都不会丢失。

4.4.2 response 对象

response 代表服务器对客户端的响应。大部分时候程序无需使用 response 来响应客户端请求,因为有个更简单的响应对象 out。只有当 out 作为响应将无法完成时,才需要使用 response 对象,如输出的数据是文件或是在页面中生成图片。

使用 response 对象输出非文本数据类型时,可以通过 page 指令的 contentType 属性或是 response 的 setContentType()方法来设置。

除此之外,还可以使用 response 来重定向请求以及用于向客户端增加 Cookie。

response 对象的常用方法见表 4-2。

表 4-2 response 对象的常用方法

方法	说明
addCookie(Cookie name)	添加一个 Cookie 对象,以保存客户端的用户信息,Cookie 对象的值只能是字符串
addHeader(String headername, String headervalue)	添加 HTTP 文件头信息,设置的头信息将会被传到客户端,如果同名的头信息已经存在则会被覆盖,如果不存在则添加
containsHeader(String headername)	判断指定的头信息是否存在,返回的是一个布尔值,如果存在返回 true,否则返回 false
sendRedirect(String url)	进行页面的重新定向
setContentType(String contentTypestr)	为响应设置内容的类型,设置类型的格式为"MIME 类型"或"MIME 类型;charset=编码"
setHeader(String headername, String-headervalue)	设置指定的 HTTP 文件头信息的值,如果同名的头信息已经存在则会被覆盖

下面分别介绍 response 常用案例。

(1)设置 HTTP 文件头信息。经常用来设置 HTTP 文件头信息的是 setHeader()和 setContentType()。

有时页面更新后,浏览时显示的还是以前的结果,这是由于浏览器将缓冲中的内容直接显示出来。使用 setHeader 方法设置 HTML Header 参数的值为 no-cache,就可以避免出现这种情况。

设置浏览器无缓冲,语句如下:

```
response.setHeader("Pragma","no-cache");
response.setHeader("Cache-Control","no-cache");
```

使用 setHeader()方法不可以设置页面自动刷新,实现每隔 60 秒重新加载本页面的语句如下:

```
response.setHeader("refresh",60);
```

另外,还可以实现等待一定时间后自动加载指定的另一页面,语句如下:

```
response.setHeader("refresh","60,URL=/other.jsp");
```

在 JSP 页面里,通常需要使用 page 指令设置页面的 contentType 属性,大多数情况下是 text/html。当访问此页面时,JSP 引擎将按照这个属性值作出反应。如果要动态改变这个属性值来响应客户,就需要使用 Response 对象的 setContentType()方法。

```
response.setContentType("application/x-msexcel");//以微软电子表格形式输出结果
```

其他类型还有 text/html、application/msword 等。

另外,还可以使用 response 对象输出图形。

【例 4-8】使用 response 对象输出图形。

文件:CreatePicture.jsp

```
<%@ page language="java" import="java.util.*"pageEncoding="GB2312"%>
<!DOCTYPE HTML PUBLIC "-//W3C//DTD HTML 4.01 Transitional//EN">
<html>
  <head>
    <title>创建图片</title>
  </head>
  <body>
<%@ page import="java.awt.image.*,javax.imageio.*,java.io.*,java.awt.*"%>
<%
//创建 BufferedImage 对象
BufferedImageimage=newBufferedImage(400,400,BufferedImage.TYPE_INT_RGB);
```

```
    //以 Image 对象获取 Graphics 对象
    Graphics g = image.getGraphics();
    //使用 Graphics 画图,所画的图形将会出现在 Image 对象中
    g.fillRect(0,0,400,400);
    //设置颜色:红
    g.setColor(new Color(255,0,0));
    //画出一段弧
    g.fillArc(20,20,100,100,30,120);
    //设置颜色:绿
    g.setColor(new Color(0,255, 0));
    //画出一段弧
    g.fillArc(20,20,100,100,150, 120);
    //设置颜色:蓝
    g.setColor(new Color(0,0,255));
    //画出一段弧
    g.fillArc(20,20,100,100,270,120);
    //设置颜色:黑
    g.setColor(new Color(0,0,0));
    //画出三个字符串
    g.drawString("red:项目工作",300,80);
    g.drawString("green:售前工作",300,120);
    g.drawString("blue:管理工作",300,160);
    g.dispose();
    //将图形输出到页面的响应
    ImageIO.write(image,"bmp",response.getOutputStream());
    % >
  </body>
</html>
```

将这个文件部署到 tomcat 的 webapps\chapter4 目录下,在浏览器地址栏中输入“http://localhost:8080/bookshop/chapter4/CreatePicture.jsp”,运行结果见图 4-10。

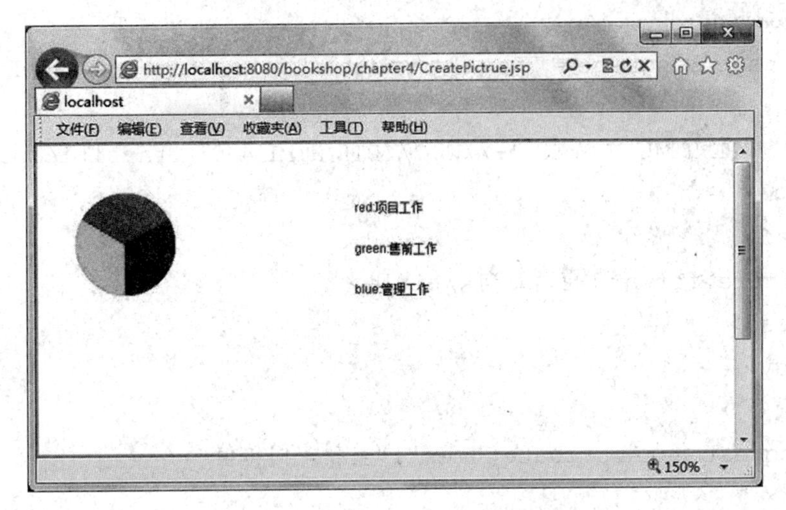

图 4-10　CreatePicture. jsp 运行效果

(2)重新定向。重新定向是 response 的另外一个用处。与<jsp:forward>不同的是,重新定向会丢失所有的请求参数及请求属性。response 重新定向的方法有 sendRedirect( ) 和 encodeRedirectURL( )两种。

从本页面重新定向到 Welcome. jsp 页面,语句如下:

```
response.sendRedirect("Welcome.jsp");
```

如果 Web 服务需要使用 Session 会话,客户端又不支持 Cookie,则可以使用 encodeRedirectURL( )对目标页面 URL 进行编码后再转向,语句如下:

```
response.encodeRedirectURL("Welcome.jsp");
```

【例 4-9】演示 response 重新定向与<jsp:forward>的区别。

文件:ResponseRedirect. jsp

```
<%@ page language="java" import="java.util.*" pageEncoding="
GB2312"%>
<!DOCTYPE HTML PUBLIC "-//W3C//DTD HTML 4.01 Transitional//EN">
<html>
  <head>
    <title>response 重新定向</title>
  </head>
  <body>
    <%
    request.setAttribute("mes","重新定向传值");
    response.sendRedirect("ShowRedirect.jsp");
    %>
  </body>
</html>
```

文件:ForwardRedirect. jsp

```
<%@ page language="java" import="java.util.*" pageEncoding="
GB2312"%>
<!DOCTYPE HTML PUBLIC "-//W3C//DTD HTML 4.01 Transitional//EN">
<html>
  <head>
    <title>forward重新定向</title>
  </head>
  <body>
    <%
    request.setAttribute("mes","重新定向传值");
    %>
    <jsp:forward page="ShowRedirect.jsp"></jsp:forward>
  </body>
</html>
```

文件:ShowDirect. jsp

```
<%@ page language="java" import="java.util.*" pageEncoding="
GB2312"%>
<!DOCTYPE HTML PUBLIC "-//W3C//DTD HTML 4.01 Transitional//EN">
<html>
  <head>
    <title>显示重新定向</title>
  </head>
  <body>
    <%=request.getAttribute("mes")%>
  </body>
</html>
```

本例分别在 ResponseRedirect. jsp 和 ForwardRedirect. jsp 中设置相同的请求参数 request. setAttribute("mes","重新定向传值"),其结果都转向 ShowDirect. jsp。

将这三个文件部署到 tomcat 的 webapps\chapter4 目录下,在浏览器地址栏中输入"http://localhost:8080/bookshop/chapter4/ResponseRedirect. jsp",结果是 null(表示请求参数丢失),在浏览器地址栏中输入"http://localhost:8080/bookshop/chapter4/ForwardRedirect. jsp",结果是"重新定向传值"。

(3)设置 Cookie。Cookie 通常被网站用于记录用户的某些信息,如用户的用户名及喜好等。一旦用户下次登录,网站可以获取用户的相关信息,根据这些用户信息,网站就可以为用户提供更友好的服务。Cookie 与 session 的不同之处在于:关闭浏览器后 session 会失效,但 Cookie 会一直被存放在客户端机器上,除非超出 Cookie 的生命期限。

可以通过 response 对象的 addCookie 方法增加 Cookie。增加 Cookie 的参照步骤如下:创建 Cookie 实例,设置 Cookie 的生命期限,向客户端写 Cookie。

【例 4-10】增加 Cookie。

文件:AddCookie. jsp

```
<% @ page language="java" import="java.util. * "pageEncoding="GB2312"% >
<! DOCTYPE HTML PUBLIC "-//W3C//DTD HTML 4.01 Transitional//EN">
<html>
  <head>
    <title>设置 Cookie</title>
  </head>
  <body>
    <%
    //获取请求参数
    String name =request. getParameter("user");
    //以获取到的请求参数为值,创建一个 Cookie 对象
    Cookie c =new Cookie("username" , name);
    //设置 Cookie 对象的生存期限
    c. setMaxAge(24*3600);
    //向客户端增加 Cookie 对象
    response. addCookie(c);
    % >
  </body>
</html>
```

将这个文件部署到 tomcat 的 webapps\chapter4 目录下,在浏览器地址栏中输入“http://localhost:8080/bookshop/chapter4/AddCookie. jsp? user = "sandy"”。如果浏览器没有阻止 Cookie,执行该页面后,网站将 username 的 Cookie 写入客户端机器,该 Cookie 将在客户端硬盘上一直存在,直到超出该 Cookie 的生存期限(本 Cookie 的生存期限被设置为 24 小时)。如果没有为 Cookie 设置生存期限,Cookie 会随浏览器的关闭而自动消失。

可以通过 request 对象的 getCookies 方法访问 Cookie,以验证是否正确增加 Cookie。该方法将返回 Cookie 的数组,遍历该数组的每个元素,直至找出希望访问的 Cookie。

【例 4-11】访问 Cookie。

文件:GetCookie. jsp

```
<% @ page language = "java" import = "java. util. * "pageEncoding = "
GB2312"% >
<! DOCTYPE HTML PUBLIC "-//W3C//DTD HTML 4.01 Transitional//EN">
<html>
  <head>
```

```
    <title>在客户端查询 Cookie</title>
  </head>
  <body>
    <%
    //获取本站在客户端上保留的所有 Cookie
    Cookie[] cookies = request.getCookies();
    //遍历客户端上的每个 Cookie
    for(Cookie c : cookies)
    {
        //如果 Cookie 的名字为 username. 表明该 Cookie 是需要访问的 Cookie
        if(c.getName().equals("username")) out.println(c.getValue());
    }
    % >
  </body>
</html>
```

将这个文件部署到 tomcat 的 webapps\chapter4 目录下,在浏览器地址栏中输入"http://localhost:8080/bookshop/chapter4/GetCookie.jsp"。如果上例增加 Cookie 成功,将输出 Cookie 值"sandy"。

4.4.3 session 对象

session 对象也是一个非常常用的对象,这个对象代表一次用户会话。从客户端浏览器连接服务器开始,到客户端浏览器与服务器断开为止,这个过程就是"一次用户会话"。

session 通常用于跟踪用户的会话信息,例如,判断用户是否登录系统,或者在购物车应用中,系统是否跟踪用户购买的商品,等等。

session 里的属性可以在多个页面的跳转之间共享。一旦关闭浏览器,即 session 结束,session 里的属性将全部清空。

session 对象的常用方法见表 4-3。

表 4-3 session 对象的常用方法

方法	说明
setAttribute(String name,Object value)	添加指定名称的属性到 session
getAttribute(String name)	从 session 中获取指定名称的属性
removeAttribute(String name)	从 session 中删除指定名称的属性
invalidate()	使 session 失效
getId()	获取当前会话 session 的 ID
setMaxInactiveInterval(int interval)	设置会话最大持续时间,单位是秒
getMaxInactiveInterval()	获取会话最大持续时间,单位是秒

续表

方法	说明
getCreationTime( )	获取会话创建时间
getLastAccessedTime( )	获取会话最后访问时间

【例 4-12】session 对象常用案例:登录和退出。

文件:Login. jsp

```
<%@ page language="java" import="java.util.*" pageEncoding="GB2312"%>
<! DOCTYPE HTML PUBLIC "-//W3C//DTD HTML 4.01 Transitional//EN">
<html>
  <head>
    <title>用户登录</title>
  </head>
  <body>
    <form action="Check.jsp">
    用户名:<input type="text" name="username"><br>
    密  码:<input type="password" name="password"><br>
        <input type="submit" value="提交">
    </form>
  </body>
</html>
```

文件:Check. jsp

```
<%@ page language="java" import="java.util.*" pageEncoding="GB2312"%>
<! DOCTYPE HTML PUBLIC "-//W3C//DTD HTML 4.01 Transitional//EN">
<html>
  <head>
    <title>用户信息确认</title>
  </head>
  <body>
  <%
      String name=request.getParameter("username");
      String password=request.getParameter("password");
      String[] username={"rose","sandy"};
      String[] pass={"123","456"};
      int i=0;
      for(;i<username.length;i++)
```

```
        {
            if(username[i].equals(name))
            {
                if(pass[i].equals(password))
                {
                    //设置 session 属性
                    session.setAttribute("username",name);
                    //欢迎信息
                    out.println("登录成功! <br>");
                     out.println("欢迎你," + session.getAttribute("user-
name")+"<br><br>");
                    out.println("<a href=\"Logout.jsp\">退出</a>");
                    break;
                }
            }
        }
        if(i>=username.length)
        {
            out.println("错误的用户名和密码!");
            response.setHeader("Refresh","3;URL=Login.jsp");
        }
      %>
  </body>
</html>
```

文件:Logout.jsp

```
<%@ page language="java" import="java.util.*"pageEncoding="GB2312"%>
<!DOCTYPE HTML PUBLIC "-//W3C//DTD HTML 4.01 Transitional//EN">
<html>
  <head>
    <title>退出会话</title>
  </head>
  <body>
  <%
      out.println(session.getAttribute("username")+",你已结束本次会
话! <br><br>");
      //获取会话 ID
      out.println("本次会话 ID:" + session.getId() + "<br>");
```

```
        /*
        获取会话创建和结束时间。
        由于 getCreationTime()和 getLastAccessedTime()返回值为
        自 1970 年 1 月 1 日以来的毫秒数,一般需要先转换成具体日期和时间
        * /
        Date creationTime = new Date(session.getCreationTime());
        Date lastAccessedTime = new Date(session.getLastAccessedTime
());
        out.println("本次会话创建于:" + creationTime + ",结束于:" +
            lastAccessedTime + "<br>");
        //结束会话
        session.invalidate();
      %>
    </body>
  </html>
```

将这三个文件部署到 tomcat 的 webapps\chapter4 目录下，在浏览器地址栏中输入"http://localhost:8080/bookshop/chapter4/Login.jsp",在表单中输入"sandy/456"或"rose/123"组合,结果见图 4-11 ~ 图 4-13。

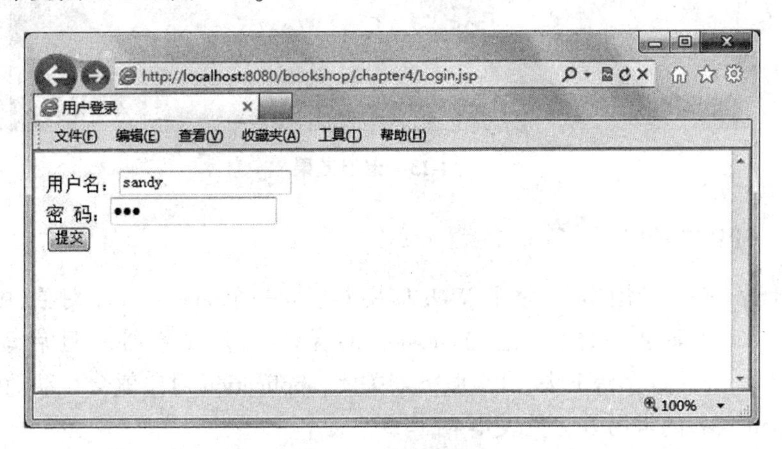

图 4-11 登录效果

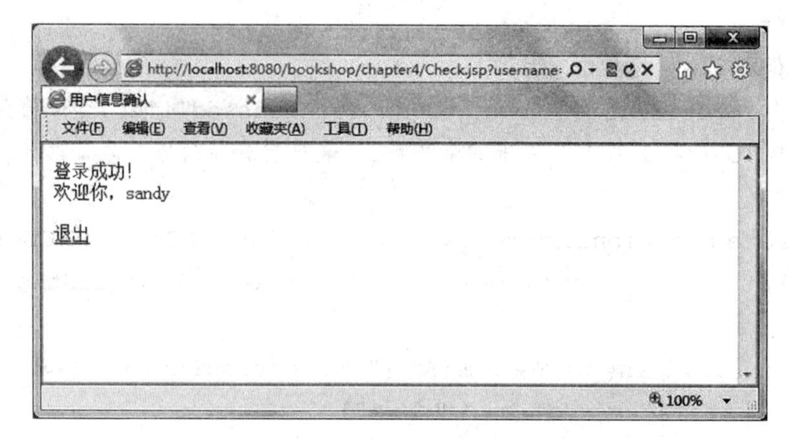

图 4-12 登录后显示效果

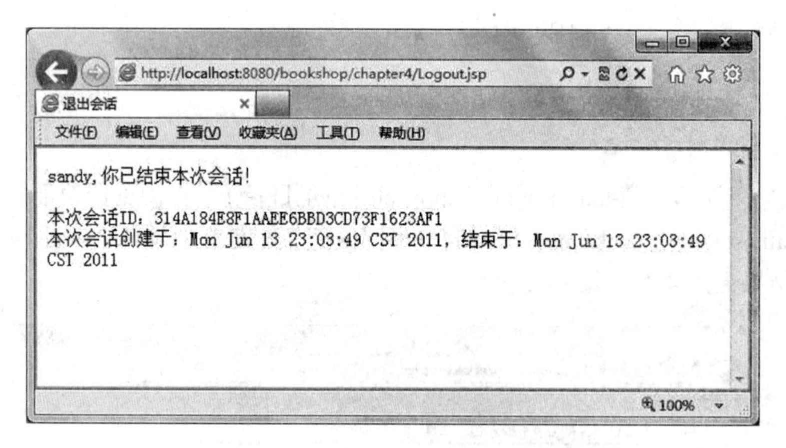

图 4-13 退出效果

4.4.4 application 对象

该对象代表 Web 应用本身,整个 Web 应用共享同一个 application 对象,用户使用的所有 application 对象都是一样的,这与 session 对象不同。服务器一旦启动,自动创建 application 对象,并一直保持下去,直至服务器关闭,application 对象就会自动消失。

application 对象的常用方法见表 4-4。

表 4-4 application 对象的常用方法

方法	说明
setAttribute(String name,Object value)	添加指定名称的属性到 application
getAttribute(String name)	从 application 中获取指定名称的属性
getAttributeNames()	从 application 中获取全部属性,结果为一枚举对象,使用 nextElements()遍历 application 全部属性
removeAttribute(String name)	从 application 中删除指定名称的属性

续表

方法	说明
getServletInfo( )	获取 Servlet 编译器当前版本
getContext(String uripath)	获取指定 URL 的 application context
getRealPath(String path)	获取本地 path 的绝对路径

【例 4-13】application 对象的应用。

文件:Caculater. jsp

```
<% @  page language="java" import="java.util.* "pageEncoding="GB2312"% >
<! DOCTYPE HTML PUBLIC "-//W3C//DTD HTML 4.01 Transitional//EN">
<html>
  <head>
    <title>计数器</title>
  </head>
  <body>
    <%
        int num;
        if(application.getAttribute("num")= =null)
        {
            application.setAttribute("num" , "1");
        }
        else
        {
            num = Integer.parseInt((String)application.getAttribute
("num"));
            num++;
            application.setAttribute("num",Integer.toString(num));
        }
    % >
    <p>本应用的服务器路径:<% =application.getRealPath("/") % ></p>
    <p>这个页面被浏览了:<% =(String)application.getAttribute("num") % >次
</p>
  </body>
</html>
```

将这个文件部署到 tomcat 的 webapps\chapter4 目录下，在浏览器地址栏中输入“http://localhost:8080/bookshop/chapter4/Caculater. jsp”，执行结果见图 4-14。

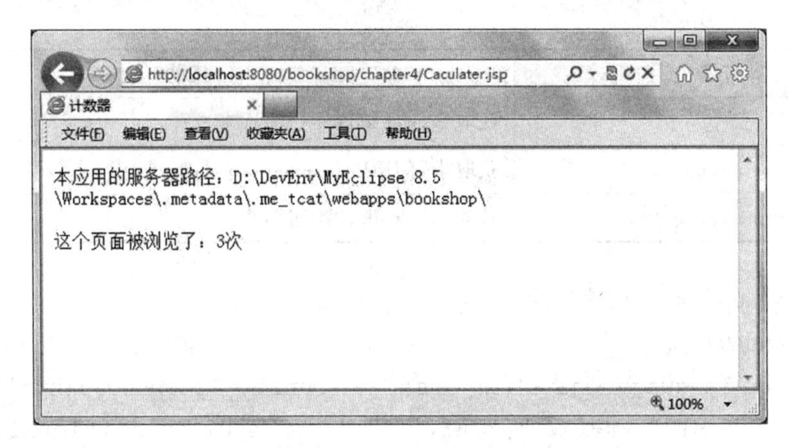

图 4-14　application 对象的应用效果

4.4.5　out 对象

out 对象代表一个页面输出流,通常被用于在页面中输出变量值及常量。在使用输出表达式值的地方,一般都可以使用 out 对象来达到同样效果。

out 对象的常用方法见表 4-5。

表 4-5　out 对象的常用方法

方法	说明
clear( )	清除输出缓冲区中的数据,对清除的数据不作输出处理
clearBuffer( )	清除缓冲区中的数据,清除的数据输出到客户端
close( )	关闭输出流
flush( )	输出缓冲区中的数据内容
newline( )	输出一个换行字符
print( )与 println( )	输出数据到客户端,两者区别是后者输出后会作换行处理,前者不会

由于 out 对象较简单,这里不作深入介绍。

4.4.6　config 对象

config 对象代表当前 JSP 的配置信息,但 JSP 页面通常无需配置,因此,也就不存在配置信息。该对象在 JSP 页面中较少使用,但在 Servlet 中则用处相对较大,因为 Servlet 需要配置在 web. xml 文件中,可以指定配置参数。

config 对象的常用方法见表 4-6。

表 4-6 config 对象的常用方法

方法	说明
getInitParameter(String name)	获取服务器指定 name 参数的初始值
getInitParameterNames()	获取服务器所有初始参数的名字
getServletContext()	获取 Servlet 的上下文
getServletName()	获取 Servlet 的服务器名

【例 4-14】config 对象的应用。

文件:GetConfigInfo. jsp

```
<%@ page language="java" import="java.util.*" pageEncoding="GB2312"%>
<!DOCTYPE HTML PUBLIC "-//W3C//DTD HTML 4.01 Transitional//EN">
<html>
  <head>
    <title>config应用</title>
  </head>
  <body>
<p>小应用程序服务器:<%=config.getServletName()%></p>
  </body>
</html>
```

将这个文件部署到 tomcat 的 webapps\chapter4 目录下,在浏览器地址栏中输入“http://localhost:8080/bookshop/chapter4/GetConfigInfo. jsp”,执行结果见图 4-15。

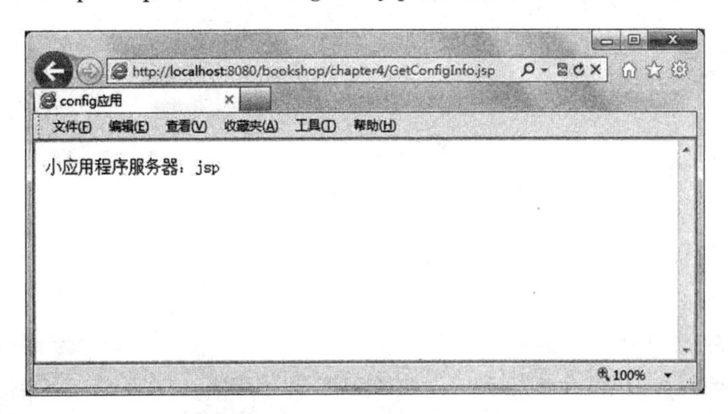

图 4-15 config 对象的应用效果

4.4.7 exception 对象

exception 对象是 Throwable 的实例,代表 JSP 页面产生的错误和异常。只有在包含<% @ page isErrorPage="true" %>的页面,才可以使用此对象。

exception 对象的常用方法见表 4-7。

表 4-7　exception 对象的常用方法

方法	说明
getMessage()	返回错误信息
toString()	将对象转换成字符串
printStackTrace()	输出堆栈跟踪信息

【例 4-15】exception 对象的应用。

在 ErrorPage. jsp 页面中设置 errorPage 属性的属性值为 ShowError. jsp，在 ShowError. jsp 页面中设置 isErrorPage 属性的属性值为 true。

文件：ErrorPage. jsp

```
<%@ page language="java" import="java.util.*" pageEncoding=
"GB2312"%>
<!DOCTYPE HTML PUBLIC "-//W3C//DTD HTML 4.01 Transitional//EN">
<%@ page errorPage="ShowError.jsp"%>
<html>
  <head>
    <title>execption 对象示例</title>
  </head>
  <body>
     <p>errorPage 属性应用举例：下面程序执行产生异常，页面转到
ShowError.jsp</p>
    <%
    int a=10;
    int b=0;
    a=a/b;
    %>
  </body>
</html>
```

文件：ShowError. jsp

```
<%@ page language="java" import="java.util.*" pageEncoding="
GB2312"%>
<!DOCTYPE HTML PUBLIC "-//W3C//DTD HTML 4.01 Transitional//EN">
<%@ page isErrorPage="true" %>
<html>
  <head>
    <title>exception 对象示例</title>
  </head>
```

```
    <body>
    <p>isErrorPage 属性应用举例:将显示异常原因</p>
    <p><b>出错信息:</b><% = exception. getMessage()% >. <br>
    <% = exception. toString()% ></p>
    <p><b>详细出错原因:</b>
    <div>
    <%
        java. io. CharArrayWriter cw = new java. io. CharArrayWriter();
        java. io. PrintWriter pw = new java. io. PrintWriter(cw,true);
        exception. printStackTrace();
    % >
    </div>
  </body>
</html>
```

将这两个文件部署到 tomcat 的 webapps\chapter4 目录下,在浏览器地址栏中输入“http://localhost:8080/bookshop/chapter4/ErrorPage. jsp”,执行结果见图 4-16。

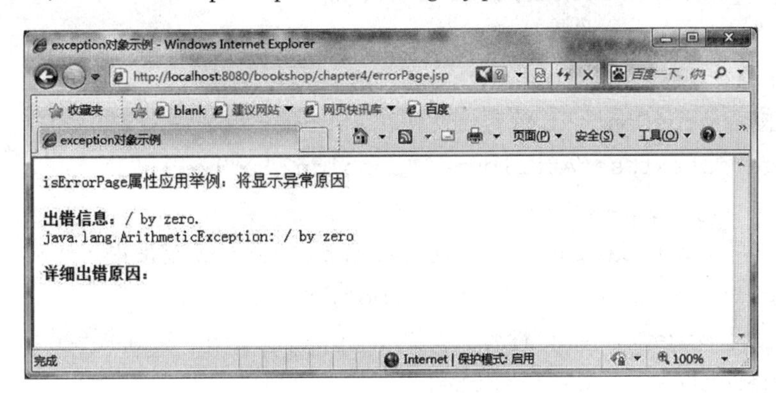

图 4-16　exception 对象的应用效果

4.4.8　pageContext 对象

pageContext 对象是 JSP 中一个很重要的内置对象,不过在一般的 JSP 程序中很少使用,因此,知道 request 对象、response 对象的人比较多,知道 pageContext 对象的人就比较少了。pageContext 对象提供了对 JSP 页面所有对象及命名空间的访问,正如 pageContext. getOut()等同于 out 对象,其他八个对象以此类推。

pageContext 对象还可以直接访问 application 对象、page 对象、request 对象、session 对象上的属性。

【例 4-16】pageContext 对象访问其他对象的属性应用。

文件:PageContext. jsp

```
<% @  page language = "java" import = "java. util. * "pageEncoding = "
```

```
GB2312"% >
    <! DOCTYPE HTML PUBLIC "-//W3C//DTD HTML 4.01 Transitional//EN">
    <% @  page isErrorPage="true" % >
    <html>
      <head>
        <title>pageContext 对象应用</title>
      </head>
      <body>
        <%
        //使用 pageContext 设置属性,该属性默认在 page 范围内
        pageContext.setAttribute("page", "hello");
        //使用 request 设置属性,该属性默认在 request 范围内
        request.setAttribute("request", "hello");
        //使用 pageContext 将属性设置在 request 范围中
        pageContext.setAttribute("request2","hello",
            pageContext.REQUEST_SCOPE);
        //使用 session 将属性设置在 session 范围中
        session.setAttribute("session", "hello");
        //使用 pageContext 将属性设置在 session 范围中
        pageContext.setAttribute("session2", "hello",
            pageContext.SESSION_SCOPE);
        //使用 application 将属性设置在 application 范围中
        application.setAttribute("app", "hello");
        //使用 pageContext 将属性设置在 application 范围中
        pageContext.setAttribute("app2", "hello",
            pageContext.APPLICATION_SCOPE);
        //以此获取各属性所在的范围
        out.println("page 变量所在范围:" + pageContext.getAttributesScope
("page") + "<br>");
        out.println("request 变量所在范围:" +pageContext.getAttributesScope
("request")+ "<br>");
        out.println("request2 变量所在范围:" +pageContext.getAttributesScope
("request2") +"<br>");
        out.println("session 变量所在范围:" +pageContext.getAttributesScope
("session")+ "<br>");
        out.println("session2 变量所在范围:" +pageContext.getAttributesScope
("session2")+ "<br>");
```

```
    out.println("app 变量所在范围:" +pageContext.getAttributesScope
("app") + "<br>");
    out.println("app2 变量所在范围:" +pageContext.getAttributesScope
("app2") +"<br>");
    %>
  </body>
</html>
```

将这个文件部署到 tomcat 的 webapps\chapter4 目录下,在浏览器地址栏中输入"http://localhost:8080/bookshop/chapter4/PageContext.jsp",执行结果见图 4-17。

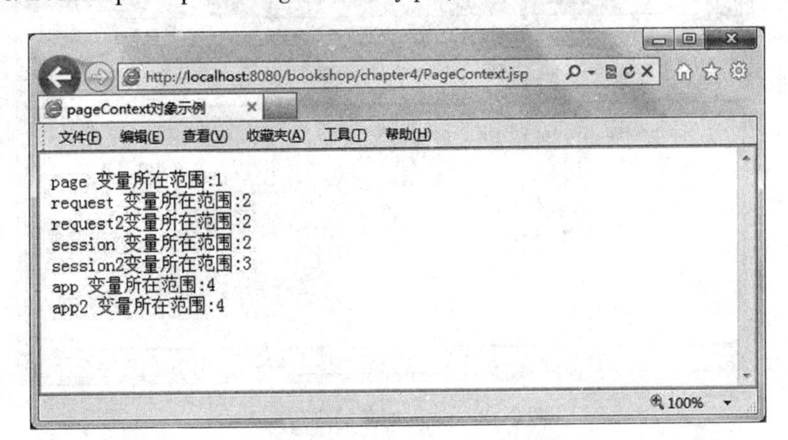

图 4-17 pageContext 对象的应用效果

上面的 JSP 页面使用 pageContext 对象多次设置属性,在设置属性时如果没有指定属性所在的范围,则属性默认在 page 范围内;如果指定了属性所在的范围,则属性可以被存放在 application、session、request 等范围中。

4.4.9 page 对象

page 对象是指向当前 JSP 程序本身的对象,有点像类中的 this。page 对象在 JSP 程序中的应用不是很广,常用的方法有 hashCode()、toString()等。

【例 4-17】page 对象的相关应用。

文件:Page.jsp

```
<%@ page language="java" import="java.util.*" pageEncoding=
"GB2312"%>
<!DOCTYPE HTML PUBLIC "-//W3C//DTD HTML 4.01 Transitional//EN">
<%@ page isErrorPage="true" %>
<html>
  <head>
    <title>page 对象应用</title>
  </head>
```

```
  <body>
    <%
    out.println(page.toString());
    %>
  </body>
</html>
```

将这个文件部署到 tomcat 的 webapps\chapter4 目录下，在浏览器地址栏中输入“http://localhost:8080/bookshop/chapter4/Page.jsp”，执行结果见图 4-18。

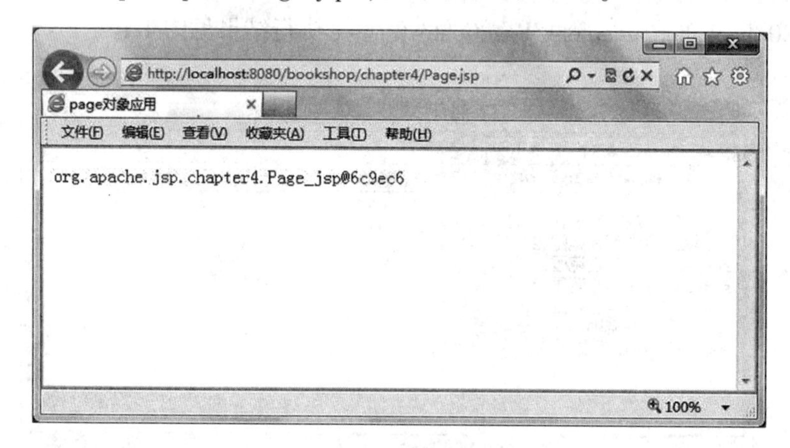

图 4-18　page 对象的应用效果

本章小结

本章主要讲解 JSP 的基本知识，JSP 的指令元素、动作元素，以及 JSP 的内置对象。通过对本章的学习，读者应该了解 JSP 的运行过程、JSP 的特点、JSP 2.0 的新增功能和 JSP 的编程规范；掌握 JSP 的指令元素，包括 page 指令、include 指令和 taglib 指令；理解 JSP 的动作元素，主要包括 jsp:include、jsp:param、jsp:forward、jsp:useBean、jsp:setProperty、jsp:getProperty、jsp:plugin、jsp:params 和 jsp:fallback 等；掌握 JSP 的内置对象，主要包括 request 对象、response 对象、session 对象、application 对象、out 对象、config 对象、exception 对象、pageContext 对象和 page 对象。

本章习题

1. 简述 JSP 运行环境的配置。
2. 简述 JSP 页面的构成和 JSP 元素的分类。
3. 简述自己所理解的 JSP 命名规划。
4. 用于显示错误信息的页面与普通页面有什么区别？
5. JSP 有哪些内置对象，最常用的内置对象是哪些？

第5章　数据库访问

本章导读

应用开发是通过业务逻辑运算对数据进行处理、存储和展示。Web应用开发离不开数据库,数据库是Web应用开发的基础。在Web应用开发过程中最常用的数据库是Oracle和SQL Server,但它们都是大型数据库,运行时一般都需要专门的数据库服务器支撑。在进行一些小型的Web应用开发时,常常可以使用开源的MySQL数据库。本章将基于MySQL数据库介绍JSP对数据库的访问操作。

本章目标

- 了解MySQL的安装和配置
- 掌握如何创建数据库和表
- 了解SQL基础
- 掌握如何与数据库建立连接
- 掌握如何操作数据库

5.1　MySQL的安装和配置

5.1.1　MySQL下载

在MySQL官方网站上提供了MySQL数据库的下载,下载地址是http://www.mysql.com/downloads/。对应于Windows平台,此文件类似于mysql-5.5.10-win32.msi,如果需要随软件打包发布数据库,可以选用mysql-5.5.10-win32.zip,本书是指mysql-5.5.10-win32.msi。按网站要求填写一些调查信息,就能找到下载镜像地址,然后直接单击保存或是使用专用下载工具软件下载到本地计算机即可。

5.1.2　MySQL安装

步骤1:双击安装文件mysql-5.5.10.win32.msi,开始MySQL的安装配置(见图5-1)。

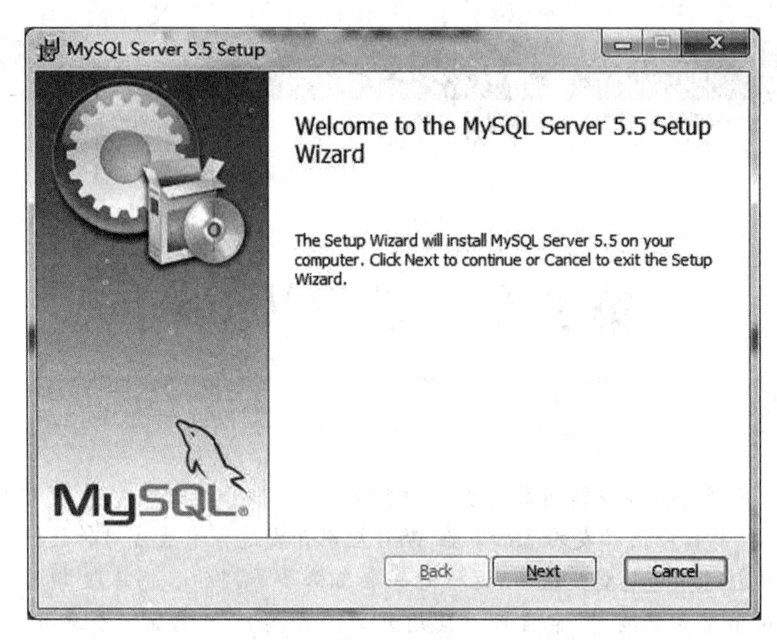

图 5-1　安装向导界面

步骤 2:单击“Next”按钮,进入安装类型选择界面(见图 5-2)。

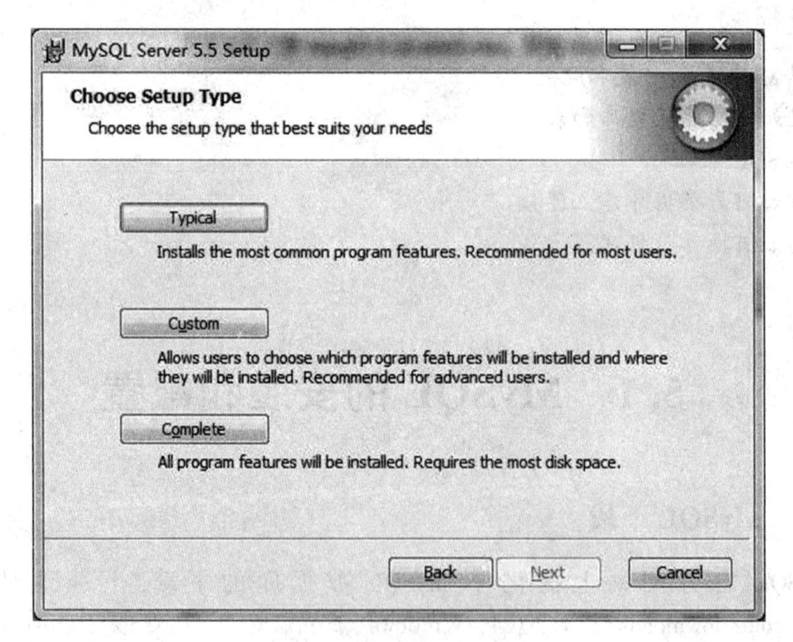

图 5-2　安装类型选择界面

步骤 3:一般情况下选择“Typical”类型,在新进入的界面中选择“Install”选项,开始 MySQL 数据库程序的安装,连续单击“Next”按钮,直到进入安装结束界面(见图 5-3)。

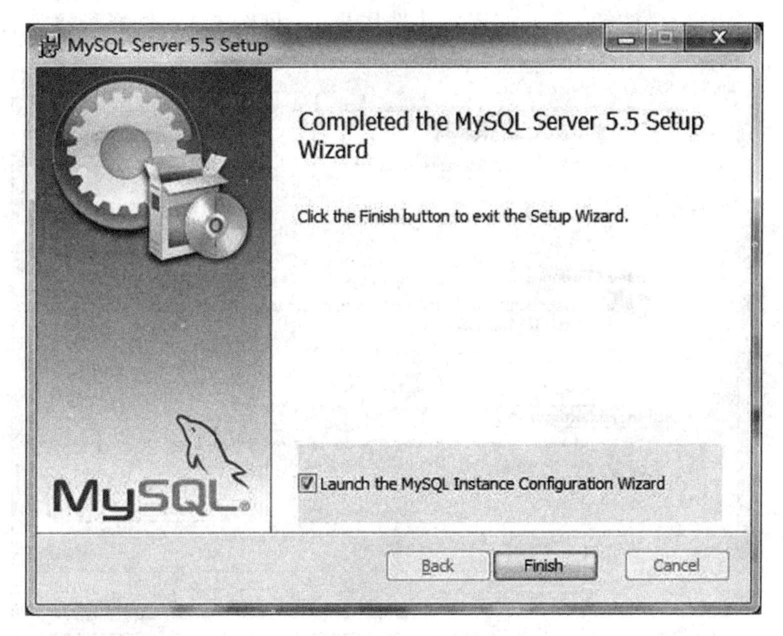

图 5-3　安装结束界面

步骤 4:单击“Finish”按钮完成 MySQL 的安装。

5.1.3　MySQL 配置

如果“Launch the MySQL Instance Configuration Wizard”复选框被选中,将启动 MySQL 配置向导程序(见图 5-4)。

步骤 1:如果安装完成时没有选择启动 MySQL 配置向导程序,可以在数据库程序安装路径的 bin 目录下找到 MySQLInstanceConfig. exe 文件,双击即可启动 MySQL 配置向导程序。

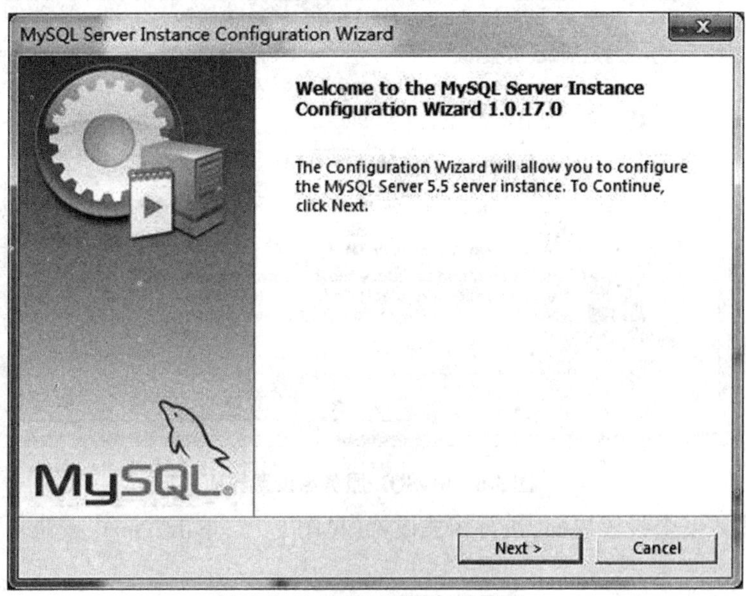

图 5-4　MySQL 配置向导界面

步骤 2:单击“Next”按钮,进入配置方式选择界面(见图 5-5),选择配置方式。

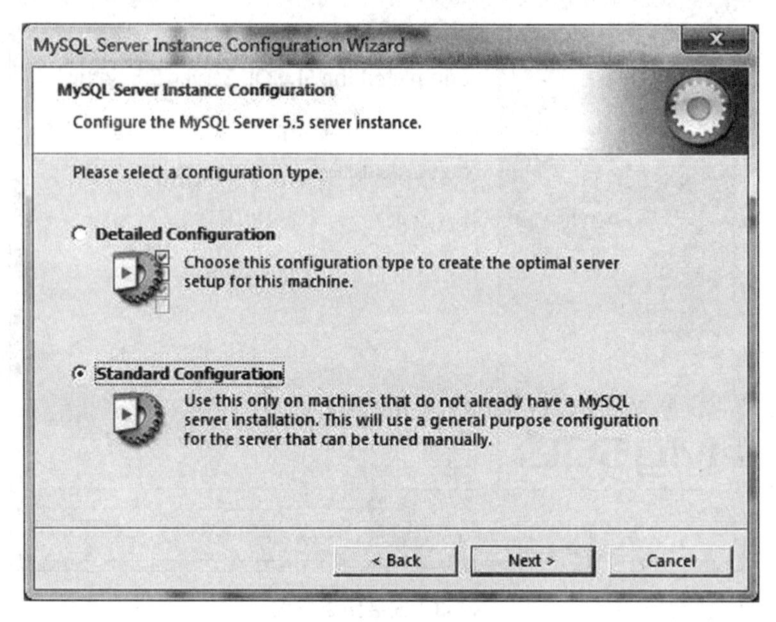

图 5-5　配置方式选择界面

步骤 3:连续单击“Next”按钮,直到进入 MySQL 服务名设置界面。在此建议选择默认选项,系统在再次启动时会自动启动 MySQL 数据库服务,在 Windows 服务列表中可以找到“MySQL”服务名(见图 5-6),然后单击“Next”按钮。

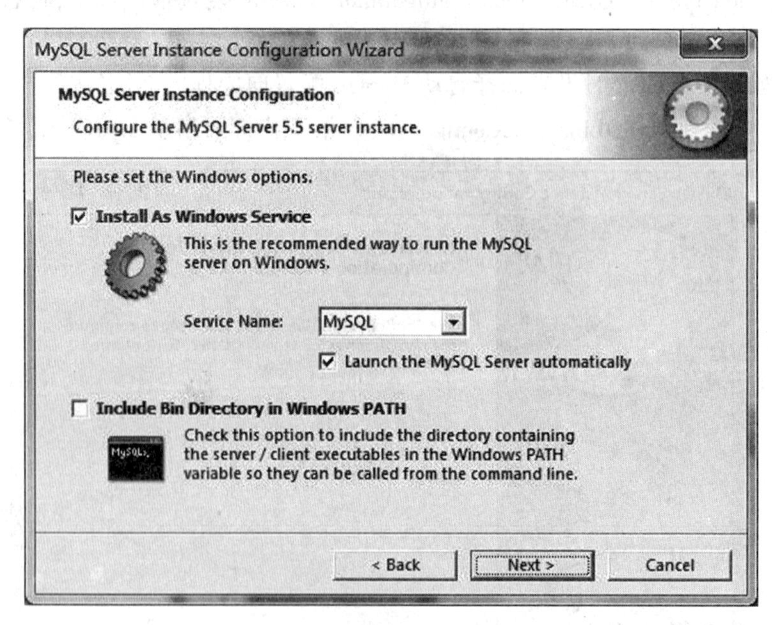

图 5-6　MySQL 服务名设置界面

步骤 4:进入安全设置界面,进行相关设置(见图 5-7),单击“Next”按钮。

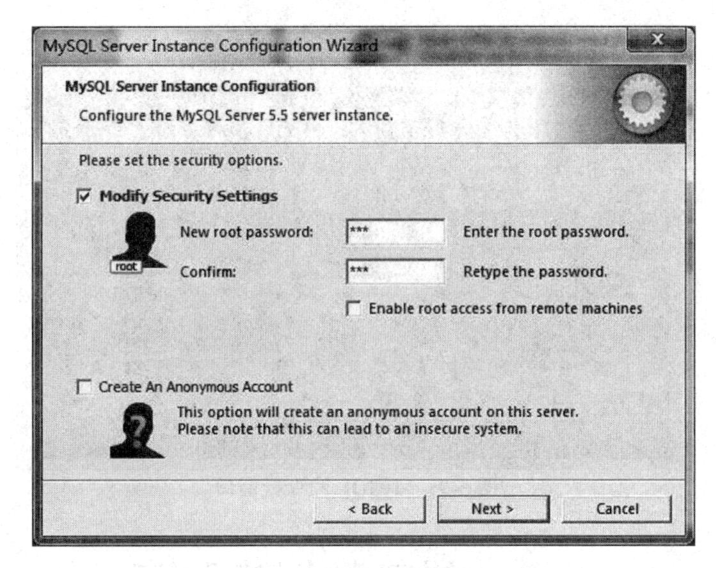

图 5-7 安全设置界面

步骤5:在新进入的界面中选择"Excute"选项以配置数据库相关参数,并启动数据库服务(见图5-8)。

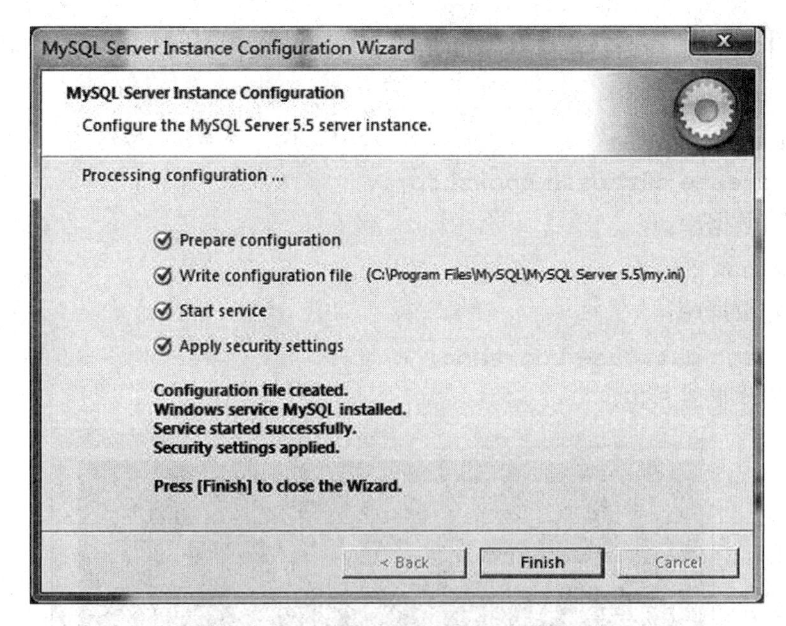

图 5-8 执行数据库实例配置任务界面

完成数据库的安装和配置以后,为使MySQL数据库支持中文字符,需要修改MySQL的编码方式。在MySQL的安装目录下找到my.ini文件,将my.ini文件中的"default-character-set = latin"修改为"default-character-set = GBK",然后重新启动MySQL服务。

打开MySQL命令行窗口的方式:选择"开始"→"所有程序"→"MySQL"→"MySQL Command Line Client"命令,打开MySQL命令行窗口,输入root密码,登录成功界面见图5-9。

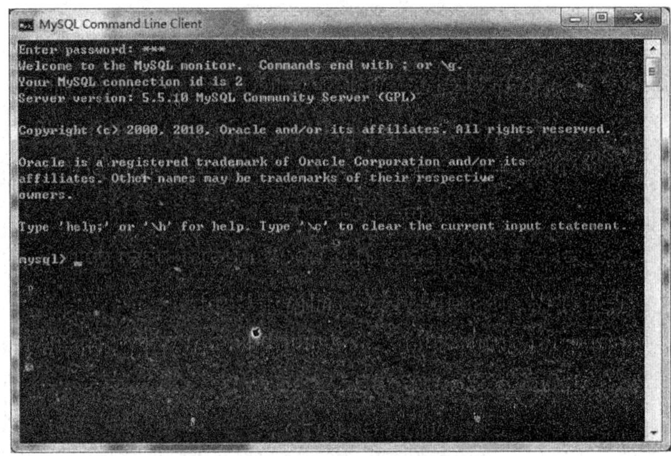

图 5-9　MySQL 命令行窗口

5.2　创建数据库和表

5.2.1　创建数据库

可以使用 MySQL 命令行窗口对 MySQL 数据库进行操作,数据库的创建、显示和删除命令分别是 create、show 和 drop。

创建 bookshop 数据库:

```
mysql>create database bookshop;
```

显示所有数据库:

```
mysql>show databases;
```

删除指定数据库:

```
mysql>drop database bookshop;
```

数据库操作见图 5-10。

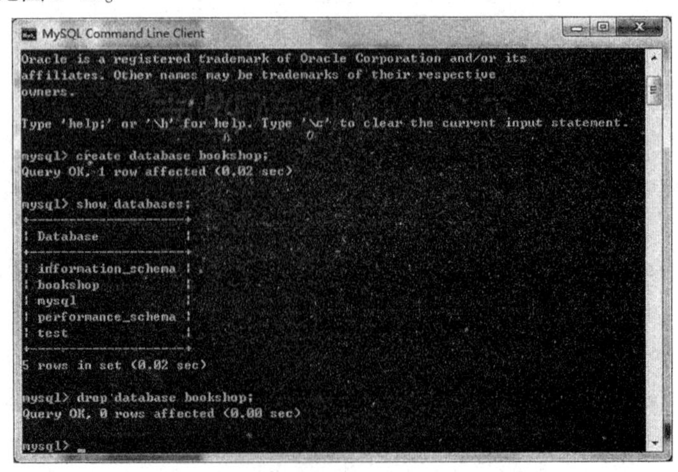

图 5-10　数据库操作

5.1.2　创建表

同样可以使用 MySQL 命令行窗口对 MySQL 数据库中的表进行操作。对数据库中的表进行操作前需要使用 use 命令选择连接的数据库。

```
mysql>use bookshop;
```

可以使用 select database( )命令查看当前连接的数据库(见图 5-11)。

```
mysql>select database();
```

```
MySQL Command Line Client
| time_zone_transition      |
| time_zone_transition_type |
| user                      |
+---------------------------+
24 rows in set (0.03 sec)

mysql> select database();
+------------+
| database() |
+------------+
| mysql      |
+------------+
1 row in set (0.00 sec)

mysql> use bookshop;
Database changed
mysql> select database();
+------------+
| database() |
+------------+
| bookshop   |
+------------+
1 row in set (0.00 sec)

mysql>
```

图 5-11　选择和查看当前数据库

下面将在 bookshop 中创建用户信息表(见图 5-12)。

```
MySQL Command Line Client
mysql> show tables;
Empty set (0.00 sec)

mysql> create table userinfo (
    -> id int unsigned not null auto_increment,
    -> username varchar(20) not null default '',
    -> password varchar(10) not null default '',
    -> gender varchar(2) not null default '男',
    -> provence varchar(10) not null default '',
    -> aboutme varchar(200) null,
    -> primary key(id)
    -> );
Query OK, 0 rows affected (0.03 sec)

mysql> insert into userinfo (username,password,gender,provence,aboutme) values
    -> ('sandy','123','男','北京市','我是一个图书爱好者'),
    -> ('tom','321','男','江苏省','我喜欢交接各种朋友，特别是读友');
Query OK, 2 rows affected (0.00 sec)
Records: 2  Duplicates: 0  Warnings: 0

mysql> select * from userinfo;
+----+----------+----------+--------+----------+---------------------------
+
| id | username | password | gender | provence | aboutme
|
+----+----------+----------+--------+----------+---------------------------
+
|  1 | sandy    | 123      | 男     | 北京市   | 我是一个图书爱好者
|
|  2 | tom      | 321      | 男     | 江苏省   | 我喜欢交接各种朋友，特别是读友
|
+----+----------+----------+--------+----------+---------------------------
+
2 rows in set (0.00 sec)

mysql> _
```

图 5-12　创建表和输入数据

5.3 SQL 基础

SQL 语句分为两类:DDL(Data Definition Language,数据定义语言)和 DML(Data Manipulation Language,数据操作语言)。前者主要是定义数据逻辑结构,包括定义表、视图和索引;后者主要是对数据进行查询和更新操作。

5.3.1 创建表

创建表的格式如下。

```
Create Table
Create Table tabName(
  colName1 colType1,
  colName2 colType2,
  ...,
  colNamen colTypeN
  );
```

【例 5-1】创建表 userinfo。

```
create table userinfo(
  id int unsigned not null auto_increment,
  username varchar(20) not null default '',
  password varchar(10) not null default '',
  gender varchar(2) not null default '男',
  provence varchar(10) not null default '',
  aboutme varchar(200) null,
  primary key(id)
);
```

本例中:

(1)unsigned:表示不允许为负数。

(2)not null:表示不可为空。

(3)auto_increment:表示该字段的值将自动增长。

(4)primary key:用于设置主键。

5.3.2 查询表数据

查询表数据的格式如下。

```
Select <col1>,<col2>,...,<coln> From <tab1>,<tab2>,...,<tabm>
```

```
[Where<条件>]
```

【例5-2】查询表 userinfo 数据。

查询表中全部列：

```
select *  from userinfo;
```

查询指定列：

```
select username,password from userinfo;
```

5.3.3　表的其他操作

插入表数据：

```
INSERT INTO <tab1> VALUES(<col1>, ...<coln>)
```

删除表数据：

```
DELETE FROM <tab1> [WHERE<条件>]
```

更新表数据：

```
UPDATE <tab1> SET <tab1>=<vlu1>, ... <tabn>=<vlun> [WHERE<条件>]
```

5.4　与数据库建立连接

Java 通过 JDBC(Java Database Connectivity)访问数据库。JDBC 是 Sun 公司提供的一组用来按照统一方式访问数据库的 API(Application Programming Interface,应用程序编程接口),它提供了独立于数据库的统一接口,而不依赖特定的数据,从而实现了对数据库的跨平台存取。目前大多数数据库如 Microsoft SQL Server、Oracle 等都提供 JDBC 驱动程序来支持 JDBC 访问数据库。

JDBC 提供的 API 包括连接数据库、执行 SQL 语句、操作数据库和获取返回结果。对应于特定数据库的 JDBC 驱动程序,除了提供上面的所有功能外,还支持数据库连接池等数据库资源的使用。

编写程序连接数据库一般遵循三个步骤:装载驱动程序、定义所要连接的数据库的地址和与数据库建立连接。

5.4.1　装载驱动程序

利用 Class. forName(JDBC 驱动程序类)来装载某一个数据库的驱动程序。

不同 JDBC 驱动程序的装载方法如下：

JDBC-ODBC 桥驱动程序：

```
Class.forName("sun.jdbc.odbc.JdbcOdbcDriver");
```

MySQL 的驱动程序：

```
Class.forName("com.mysql.jdbc.Driver");
```

SQL Server 的驱动程序：

```
Class.forName("com.microsoft.jdbc.sqlserver.SQLServerDriver");
```

Oracle 的驱动程序：

```
Class.forName("oracle.jdbc.driver.OracleDriver");
```

5.4.2 定义数据库的连接地址

不同数据库连接地址的表达方式不同，常见数据库连接地址的表达如下（“dbname”为需要连接的数据库名）：

```
String ODBCURL ="jdbc:odbc:dbname";
String MySQLURL ="jdbc:mysql://host:port/dbname";
String SQLServerURL ="jdbc:Microsoft:sqlserver://host:port;DatabaseName =
dbname";
String OracleURL ="jdbc:oracle:thin:@ host:port:dbname";
```

5.4.3 与数据库建立连接

与数据库建立连接的语句如下：

```
Connection con = DriverManager.getConnection(url, loginname, pass-
word);
```

【例 5-3】使用 JDBC-ODBC 桥通过 ODBC 数据源连接数据库。

此方式需要将 JDBC 数据转换成 ODBC 数据来源，再利用 ODBC 与数据库连接以存取数据。通过此方式连接数据库的语句如下：

```
//加载驱动程序
Class.forName("sun.jdbc.odbc.JdbcOdbcDriver");
//在 ODBC DSN(Data Source Name)处设置 pubs,用户名为 sa,密码为空
con=DriverManager.getConnection("jdbc:odbc:pubs","sa","");
//数据库操作结束后,通常应关闭数据库连接以释放资源
con.close();
```

【例 5-4】通过专门的 JDBC 驱动程序连接数据库。

使用专门的 JDBC 驱动程序连接数据库，需要将特定数据库的 JDBC 驱动程序 .jar 文件放在 ClASSPATH 里。例如，使用 JSP 开发的 Web 应用程序，只需要将对应的 .jar 文件复制到 Web 应用的 WEB-INF\lib 目录下即可。

通过此方法连接 MySQL 数据库的语句如下：

```
//加载驱动程序
Class.forName("com.mysql.jdbc.Driver");
//通过 JDBC 建立 MySQL 数据库连接,数据库名为 dbname,用户名为 root,密码
//为空
con = DriverManager.getConnection("jdbc:mysql://host:3306/dbname","
```

```
root","");
    //数据库操作结束后,通常应关闭数据库连接以释放资源
    con.close();
```

5.5　操作数据库

建立与数据库的连接后,需要进一步对数据库进行操作。对数据库的操作有查询、添加、删除等。为提高效率或保持数据的一致性,在实际的项目开发中常常需要执行存储过程或执行事务等。

编写程序操作数据库一般遵循三个步骤:建立语句对象,声明并执行 SQL 语句,对结果集进行处理。

5.5.1　建立语句对象

可以利用 Connection 的 createStatement 方法创建语句对象,执行语句如下:

```
Statement stmt = con.createStatement();
```

5.5.2　声明并执行 SQL 语句

声明 SQL 语句,并将该语句通过语句对象 Statement 提交到服务器执行。Statement 对象主要提供三个方法执行 SQL 语句。

(1)查询:executeQuery(String sql)。executeQuery 方法以 SQL 语句为参数,执行后返回一个 ResultSet 结果集。如以下语句:

```
String sql ="select * from userInfo";
ResultSet rs = stmt.executeQuery(sql);
```

(2)更新:executeUpdate(String sql)。executeUpdate 方法以 SQL 语句为参数,返回执行 update、insert、delete 等更新语句影响的行数。如以下语句:

```
String sql ="delete from userInfo book where username='sandy'";
int iRow = stmt.executeUpdate(sql);
```

(3)查询或更新:execute(String sql)。execute 方法在不知道 SQL 语句是查询还是更新的时候用。如果产生一条以上的对象,返回"true",此时可用 Statement 对象的 getResultSet()和 getUpdateCount()来获取执行结果;如果不返回 ResultSet 对象,则返回"false"。如以下语句:

```
String sql ="select * from userInfo";
if(stmt.execute(sql))
{
    int iRow = stmt.getUpdateCount();
```

```
    ResultSet rs = stmt.getResultSet();
}
```

5.5.3 对结果集进行处理

当语句对象执行 SQL 语句后返回 ResultSet 对象结果集时，需要对结果集进行访问处理。ResultSet 对象提供了一系列方法对结果集进行访问和控制。

（1）结果集浏览。有如下语句：

①first()：定位到首条记录。

②last()：定位到末条记录。

③previous()：定位到当前位置的前一条记录，如果当前位置是首条记录，则返回“false”。

④next()：定位到当前位置的下一条记录，如果当前位置是末条记录，则返回“false”。

⑤absolute(int i)：定位到指定行，如果 i 值超出记录集范围，则返回“false”。

（2）取值。当 ResultSet 定位到某一行时，使用 getXxx 方法得到这一行上单位字段的值。调用方法是：getXxx(String s)，其中 s 为字段名；或 getXxx(int i)，其中 i 是字段所处位置的序列号。

针对不同的数据类型，getXxx 方法也不同，常见的对应关系见表 5-1。

表 5-1　不同数据类型的不同取值方法

SQL 类型	Java 类型	对应的 getXxx 方法
CHAR	String	getString()
VARCHAR	String	getString()
LONGVARCHAR	String	getString()
NUMERIC	java.math.BigDecimal java.math.Big	getBigDecimal()
BIT	Boolean	getBoolean()
TINYINT	Integer	getByte()
SMALLINT	Integer	getShort()
INTEGER	Integer	getInt()
BIGINT	Long	getLong()
REAL	Float	getFloat()
FLOAT	Double	getDouble()
DOUBLE	double	getDouble()
DATE	java.sql.Date	getDate()
TIME	java.sql.Time	getTime()

【例 5-5】取用户表账号名为 sandy 的值。

```
<%@ page language="java" import="java.util.*" contentType
```

```
="text/html; charset=GB2312"% >
    <% @ page import ="java. sql. * " % >
    <! DOCTYPE HTML PUBLIC "-//W3C//DTD HTML 4.01 Transitional//EN">
    <html>
      <head>
        <title>连接数据库</title>
      </head>
      <body>
      <%
        //定义 MySQL 数据为连接地址字串
        String MySQLURL = "jdbc:mysql://127.0.0.1:3306/bookshop";
        //加载 MySQL 数据库 JDBC 驱动程序
        try{
              Class. forName("com. mysql. jdbc. Driver");
              //建立与数据库的连接
              try{
                  Connection cn = DriverManager. getConnection(MySQLURL ,
"root","123");
                  //创建语句对象
                  Statement stmt = cn. createStatement();
                  //定义 SQL 查询语句
                   String sql = "select *  from userInfo where username =
'sandy'";
                  //语句对象根据 SQL 语句返回查询结果集
                  ResultSet rs = stmt. executeQuery(sql);
                  String sGender = "";
                  //判断记录是否存在
                  if(rs. next())
                  {
                      //取当前行指定字段值
                      sGender = rs. getString("gender");
                      out. println("当前用户性别:" + sGender);
                  }
                  rs. close();
                  stmt. close();
                  cn. close();
              }
```

```
            catch(SQLException e2){
                out.print("出错:" + e2.toString());
                }
            }
          catch(ClassNotFoundException e1){
              out.print("出错:" + e1.toString());
          }
        %>
        </body>
    </html>
```

将这个文件部署到tomcat的webapps\chapter5目录下,在浏览器地址栏中输入“http://localhost:8080/chapter5/LinkDatabase.jsp”,执行后结果输出如下:

当前用户性别:男

本章小结

本章主要讲解了MySQL的安装和配置、创建数据库和表、SQL基础、与数据库建立连接,以及操作数据库等知识。通过对本章的学习,读者应该了解如何下载、安装和配置MySQL;掌握如何创建数据库和表;了解SQL的创建表、查询表数据,以及表的其他操作;掌握如何装载驱动程序、定义数据库的连接地址,以及与数据库建立连接的语句;理解如何建立语句对象、声明并执行SQL语句、对结果集进行处理。

本章习题

1. 简述DDL(Data Definition Language)和DML(Data Manipulation Languge)的定义及区别。
2. 什么是JDBC?
3. 简述Class.forName的作用;针对SQL Server、Oracle和MySQL数据库如何使用?
4. 简述JDBC的连接和使用数据库的步骤(以MySQL数据为例)。

第 6 章　Servlet 编程

本章导读

基于 Servlet 技术发展的 JSP 动态网页编程技术，极大地降低了 Java 的 Web 应用开发难度，提高了开发效率。同时，Servlet 在请求预处理和转向上的优良品质在 Java 的 Web 应用开发中很好地起到了控制器和过滤器的作用，从而成为 MVC 体系的一个重要环节。

本章目标

- 了解 Servlet 基本知识
- 掌握 Servlet 的应用

6.1　Servlet 的基本知识

Servlet 通常被称为"服务器端小程序"，是运行在服务器端的程序，用于处理及响应客户端的请求。

Servlet 是比 JSP 更早的动态网页编程技术，在没有 JSP 之前，基于 Java 的 Web 应用的动态网页编程技术只有 Servlet。但由于 Servlet 是个标准的 Java 类，必须由程序员开发，技术要求高，开发效率非常低；特别是当使用 Servlet 生成表现层页面时，页面中所有的 HTML 标签都需要采用 Servlet 的输出流来输出，其修改难度大而且过程烦琐。这一系列的问题，都阻碍了 Servlet 作为动态网页编程技术的使用。为改变种状况，基于 Servlet 技术发展了 JSP 动态网页编程技术。

6.1.1　Servlet 的生命周期

Servlet 具有可移植性、安全性和高效性等优点。Servlet 容器响应客户端的请求，加载 Servlet 处理客户端的请求。Servlet 的生命周期可以概括为以下几个阶段（见图 6-1）：

- 当客户端第一次请求 Servlet 时，Servlet 被加载到容器，创建 Servlet 实例。
- 调用 init( ) 方法对 Servlet 进行初始化。

· 容器调用 Servlet 的 service( )方法为客户端提供服务。
· 当不再需要 Servlet 时,容器调用 Servlet 的 destroy( )方法将 Servlet 实例销毁。

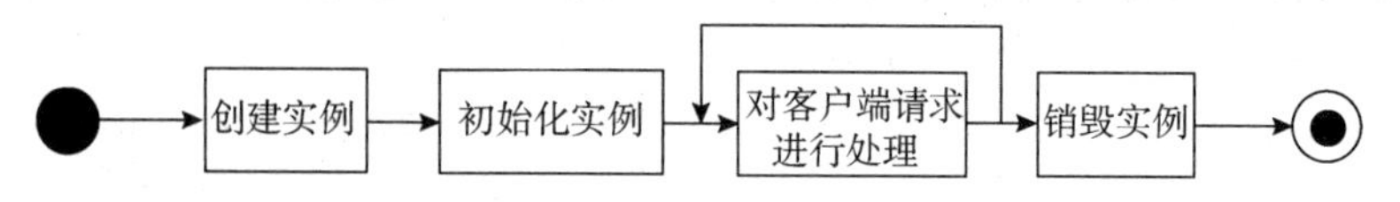

图 6-1 Servlet 的生命周期

当 Servlet 已经被加载后,容器会创建新的线程调用 service( )来响应新的客户端请求。在整个 Servlet 的生命周期中,init( )和 destroy( )两个方法只会被调用一次。

6.1.2 Servlet 开发

Servlet 是个特殊的 Java 类,这个 Java 类必须继承 HttpServlet。每个 Servlet 都可以响应客户端的请求。Servlet 提供不同的方法用于响应客户端的请求。

(1)doGet:用于响应客户端的 get 请求。

(2)doPost:用于响应客户端的 post 请求。

(3)doPut:用于响应客户端的 put 请求。

(4)doDelete:用于响应客户端的 delete 请求。

事实上,客户端的请求通常只有 get 和 post 两种。Servlet 为了响应这两种请求,必须重写 doGet 和 doPost 两个方法。如果 Servlet 要响应四种请求,则需要同时重写上面的四个方法。

大部分时候,Servlet 对于所有请求的响应都是完全一样的。此时,可以采用重写一个方法来代替上面的几个方法,Servlet 只需重写 service( )方法,即可响应客户端的所有请求。

例如,以下两个 Servlet 程序的执行结果是一样的:HelloWorld1. java〔使用 doGet( )〕,HelloWorld2. java〔使用 service( )〕。

【例 6-1】Hello World 程序。

文件:HelloWorld1. java

```
package chp6;
import java. io. * ;
import javax. servlet. * ;
import javax. servlet. http. * ;
public class HelloWorld1 extends HttpServlet {
        public    voiddoGet    ( HttpServletRequest    request,
HttpServletResponse response)
        throws ServletException, IOException
    {
        response. setContentType("text/html");
        PrintWriter out = response. getWriter();
         out. println( "<! DOCTYPE HTML PUBLIC \"-//W3C//DTD HTML
```

```
4.01 Transitional//EN\">");
            out.println("<HTML>");
            out.println("<HEAD><TITLE>Hello World</TITLE></HEAD>");
            out.println("<BODY>");
            out.println("<H1> Hello World! </H1> ");
            out.println("</BODY>");
            out.println("</HTML>");
            out.flush();
            out.close();
        }
    }
```

文件:HelloWorld2.java

```
package chp6;
import java.io.* ;
import javax.servlet.* ;
import javax.servlet.http.* ;
public class HelloWorld2 extends HttpServlet {
        public void service ( HttpServletRequest request,
HttpServletResponse response)
        throws ServletException, IOException
    {
        response.setContentType("text/html");
        PrintWriter out = response.getWriter();
        out.println("<! DOCTYPE HTML PUBLIC \"-//W3C//DTD HTML 4.01
Transitional//EN\">");
        out.println("<HTML>");
        out.println("<HEAD><TITLE>Hello World</TITLE></HEAD>");
        out.println("<BODY>");
        out.println("<H1> Hello World! </H1> ");
        out.println("</BODY>");
        out.println("</HTML>");
        out.flush();
        out.close();
    }
}
```

编辑好的 Servlet 源文件并不能响应客户端的请求,还必须将其编译成 .class 文件,并配置 Web 应用的 web.xml。

1. Servlet 编译

编译前需要检查 JDK 目录\jre\lib\ext 下是否有 servlet-api. jar 或 servlet. jar 文件;如果没有,则在 tomcat\common\lib 下找到 servlet-api. jar 或 servlet. jar 文件,并将其复制到 JDK 目录\jre\lib\ext 下。

如果以上两个文件的当前目录在 D 盘根目录下,则编译命令见图 6-2。

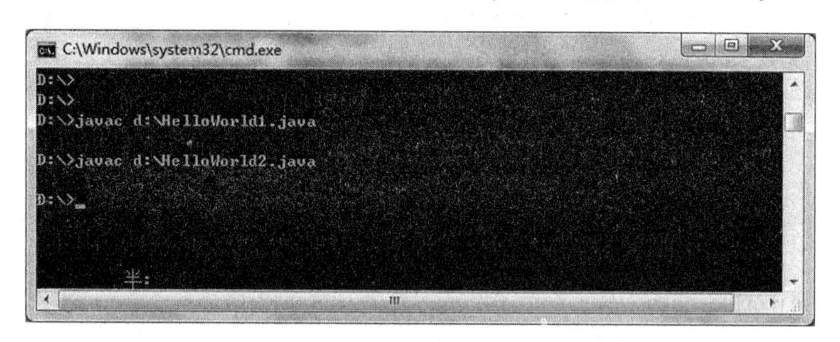

图 6-2 Servlet 程序编译

将编译后的 HelloWorld1. class 和 HelloWorld2. class 文件放在 WEB-INF\classes 目录下;如果 Servlet 有包,则还应该将 . class 文件放在对应的包目录下。

2. 配置 Web 应用的 web. xml 文件

为了让 Servlet 能响应客户端的请求,还必须将 Servlet 配置在 Web 应用中。配置 Servlet 时,需要修改 web. xml 文件。通常需要配置两个部分。

(1)配置 Servlet 的名字:对应 web. xml 文件中的<servlet>元素。

(2)配置 Servlet 的 URL:对应 web. xml 文件中的<servlet-mapping>元素。

例如,以上两个文件的配置结果如下:

```
<!--配置 Servlet 的名字-->
<servlet>
  <!--指定 Servlet 的名字-->
  <servlet-name>HelloWorld1</servlet-name>
  <!--指定 Servlet 实现的类-->
  <servlet-class>HelloWorld1</servlet-class>
</servlet>
<servlet>
  <servlet-name>HelloWorld2</servlet-name>
  <servlet-class>HelloWorld2</servlet-class>
</servlet>
<!--配置 Servlet 的 URL-->
<servlet-mapping>
  <!--指定 Servlet 的名字-->
  <servlet-name>HelloWorld1</servlet-name>
```

```
  <!--指定 Servlet 映射的 URL-->
  <url-pattern>/servlet/HelloWorld1</url-pattern>
</servlet-mapping>
<servlet-mapping>
  <servlet-name>HelloWorld2</servlet-name>
  <url-pattern>/servlet/HelloWorld2</url-pattern>
</servlet-mapping>
```

在浏览器地址栏中输入"http://hx001:8080/bookshop/servlet/HelloWorld1",执行结果见图 6-3(HelloWorld2 的执行结果相同)。

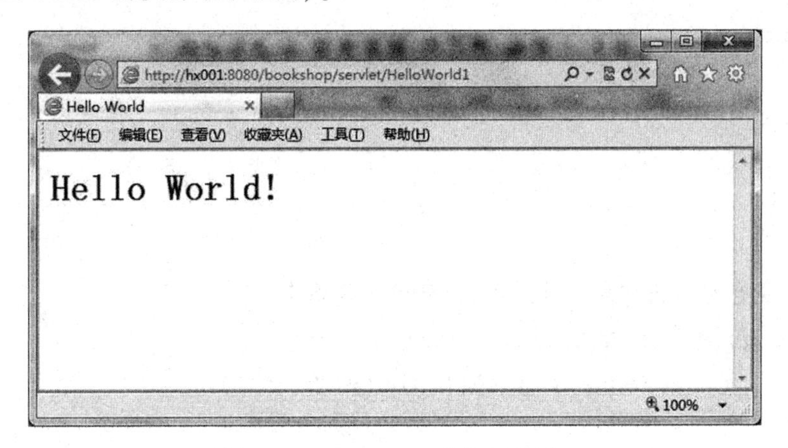

图 6-3 HelloWorld1 的执行效果

另外,HttpServlet 还包含以下两个方法。

(1) init():创建 Servlet 实例时调用的初始化方法。

(2) destroy():销毁 Servlet 实例时自动调用的资源回收方法。

通常不需要重写 init()和 destroy()两个方法,除非在初始化 Servlet 时,为完成某些资源的初始化,才考虑重写 init()方法;如果需要在销毁 Servlet 之前先完成某些资源的回收,如关闭数据库的连接等,则需要重写 destroy()方法。

6.2 Servlet 的应用

6.2.1 作为控制器

自从出现 JSP 以后,Servlet 因为其开发难度大、效率低和可维护性差等原因退出了动态页面表现层的开发;而在 MVC 架构体系中,其作为控制器的作用及价值越发得到体现。

下面以用户登录为例,介绍 Servlet 作为控制器的开发过程。

【例 6-2】Servlet 控制器的开发。

本例涉及四个文件:

Login. jsp:登录界面。

Welcome. jsp:登录成功欢迎页面。

ShowError. jsp:系统错误信息。

DoLogin. java:Servlet 控制器,分析客户端的请求并作出适当反应。

(1)文件:Login. jsp

```
<%@ page language="java" pageEncoding="GB2312"%>
<!DOCTYPE HTML PUBLIC "-//W3C//DTD HTML 4.01 Transitional//EN">
<html>
  <head>
    <title>用户登录</title>
  </head>
  <body>
  <h1>
  <%
  //如果存在出错信息属性对象,则显示出错信息
  if(request.getAttribute("err")!=null)
    out.print(request.getAttribute("err"));
  %>
  </h1>
    <form action="/bookshop/servlet/DoLogin" method="post">
    用户名:<input type="text" name="username"><br>
    密  码:<input type="password" name="password"><br>
        <input type="submit" value="提交">
    </form>
  </body>
</html>
```

(2)文件:Welcome. jsp

```
<%@ page language="java" pageEncoding="GB2312"%>
<!DOCTYPE HTML PUBLIC "-//W3C//DTD HTML 4.01 Transitional//EN">
<html>
  <head>
    <title>欢迎页面</title>
  </head>
  <body>
    <h1>欢迎你,<%=session.getAttribute("name")%>!</h1>
  </body>
```

```
</html>
```

(3)文件:ShowError. jsp

```
<% @ page language="java" pageEncoding="GB2312"% >
<! DOCTYPE HTML PUBLIC "-//W3C//DTD HTML 4.01 Transitional//EN">
<html>
  <head>
    <title>异常错误页面</title>
  </head>
  <body>
    <p>显示异常错误信息</p>
    <p><b>出错信息:</b>
    <%
        out.println(request.getAttribute("exception"));
    % ><br>
    </p>
  </body>
</html>
```

(4)文件:DoLogin. java

```
package chp6;
import java.io.* ;
import javax.servlet.* ;
import javax.servlet.http.* ;
import java.sql.* ;
public class DoLogin extends HttpServlet {
          public    void    service    ( HttpServletRequest    request,
HttpServletResponse response)
              throws ServletException, IOException {
          //本身并不输出响应到客户端,因此,必须将请求转发
          RequestDispatcher rd;
          // 获取请求参数
          String username = request.getParameter("username");
          String password = request.getParameter("password");
          String errMsg = "";
          try {
                //定义 MySQL 数据为连接地址字串
                  String MySQLURL = "jdbc:mysql://127.0.0.1:3306/book-
shop";
```

```
                //加载 MySQL 数据库的 JDBC 驱动程序
                Class.forName("com.mysql.jdbc.Driver");
                //建立与数据库的连接
                Connection cn = DriverManager.getConnection(MySQLURL ,
"root" , "123");
                //创建语句对象
                Statement stmt = cn.createStatement();
                //定义 SQL 查询语句
                String sql = "select *  from userInfo where username =
'" + username + "'";
                // 查询结果集
                ResultSet rs = stmt.executeQuery(sql);

                if (rs.next()) {
                    // 用户名和密码匹配
                    if (rs.getString("password").equals(password))
                    {
                        // 获取 session 对象
                        HttpSession session = request.getSession(true);
                        // 设置 session 属性,跟踪用户会话状态
                        session.setAttribute("name" , username);
                        // 获取转发对象
                               rd  =  request.getRequestDispatcher ( "/
chapter6/Welcome.jsp");
                        //转发请求
                        rd.forward(request,response);
                    }
                    else
                         //用户名和密码不匹配时
                         errMsg += "您的用户名密码不符合,请重新输入";
                }
                else
                    //用户名不存在时
                    errMsg += "您的用户名不存在,请先注册";

            }
            catch (Exception e) {
```

```
                    rd = request.getRequestDispatcher ( "/chapter6/
ShowError.jsp");
                request.setAttribute ("exception",e.toString());
                rd.forward(request , response);
            }
            //如果出错,转发到重新登录
            if (errMsg ! =null && ! errMsg.equals(""))
            {
                rd = request.getRequestDispatcher("/chapter6/Login.jsp");
                request.setAttribute ("err" , errMsg);
                rd.forward(request , response);
            }
        }
    }
```

先将 JSP 文件部署到 tomcat 的 webapps\chapter6 目录下,然后将 Servlet 源文件 DoLogin.java 编译成 DoLogin.class 文件,再复制到 WEB-INF\classes 目录下,在 web.xml 文件中配置 Servlet 名字和映射 URL,最后在浏览器地址栏中输入"http://hx001:8080/bookshop/chapter6/Login.jsp",执行结果见图 6-4。

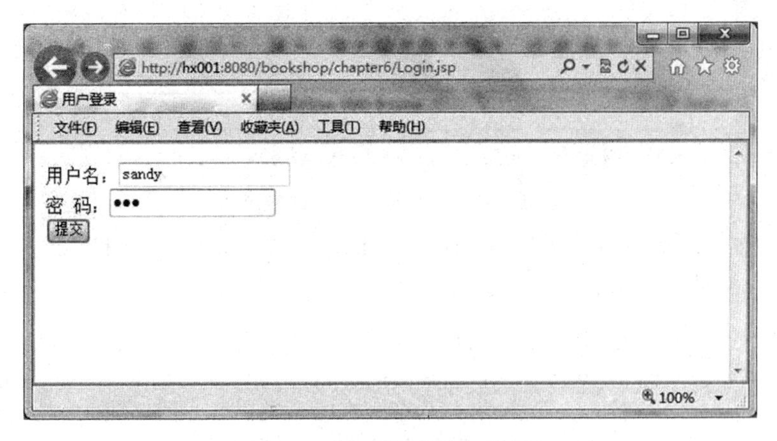

图 6-4 登录页面的执行效果

如果输出的用户名不存在,或是用户名和密码不匹配,则返回登录页面并出现提示信息(见图 6-5)。

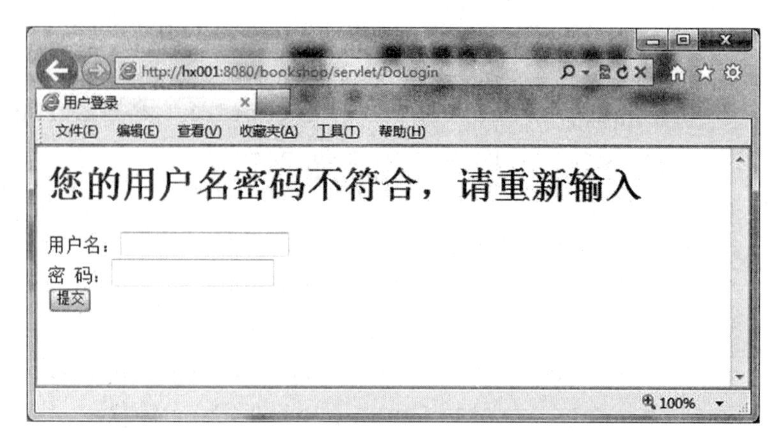

图 6-5　登录结果信息

如果用户名和密码匹配成功,则转向欢迎页面,执行结果见图 6-6。

图 6-6　登录成功的页面效果

如果连接数据库等执行结果异常,则转向 ShowError. jsp 页面。未能找到 MySQL 数据的 JDBC 驱动程序的结果见图 6-7。

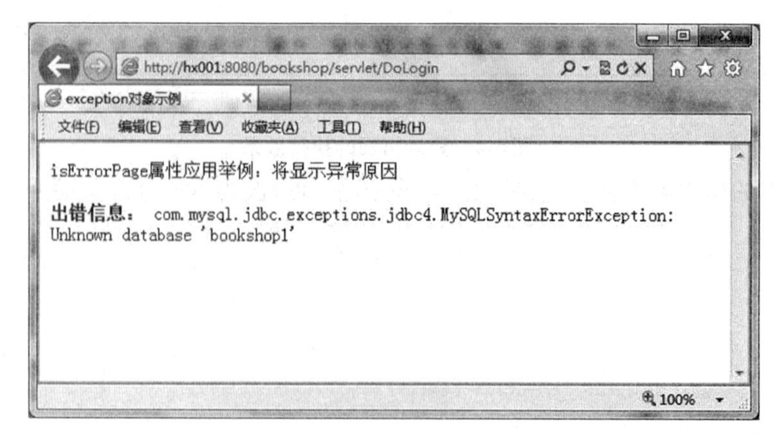

图 6-7　控制器执行异常的效果

6.2.2 作为过滤器

Servlet 过滤器是小型的 Web 组件,它们拦截请求和响应,以便查看、提取或以某种方式操作正在客户机和服务器之间交换的数据。过滤器通常封装了一些很重要的功能,但是对于处理客户机请求或发送响应来说不是决定性的,没有过滤器并不影响客户机的请求和服务器的响应。典型的例子包括记录关于请求和响应的数据、处理安全协议、管理会话属性等。过滤器提供一种面向对象的模块化机制,用以将公共任务封装到可插入的组件中,这些组件通过一个配置文件来声明,并动态地处理。

1. 创建 Servlet 过滤器

所有的 Servlet 过滤器类都必须实现 javax. servlet. Filter 接口。这个接口含有三个过滤器类必须实现的方法。

(1)init(FilterConfig)。这是 Servlet 过滤器的初始化方法,Servlet 容器创建 Servlet 过滤器实例后将调用这个方法。在这个方法中可以读取 web. xml 文件中 Servelt 过滤器的初始化参数。

(2)doFilter(ServletRequest,ServletResponse,FilterChain)。这个方法完成实际的过滤操作。当客户请求访问与过滤器关联的 URL 时,Servlet 容器将先调用过滤器的 doFilter 方法。FilterChain 参数用于访问后续过滤器。

(3)destroy()。Servlet 容器在销毁过滤器实例前调用该方法,在这个方法中可以释放 Servlet 过滤器占用的资源。

【例 6-3】创建 MyFirstFilter 的过滤器,实现拒绝列在黑名单上的客户访问留言簿,而且将服务器响应客户请求所花的时间写入日志。

文件:MyFirstFilter. java

```
package chp6;
import java.io.IOException;
import java.io.PrintWriter;
import javax.servlet.Filter;
import javax.servlet.FilterChain;
import javax.servlet.FilterConfig;
import javax.servlet.ServletException;
import javax.servlet.ServletRequest;
import javax.servlet.ServletResponse;
import javax.servlet.http.HttpServletRequest;
public class MyFirstFilter implements Filter{
    private FilterConfig config = null;
    //定义黑名单
    private String blackList =null;
    public void destroy() {
```

```
            blackList =null;
        }
        public void doFilter(ServletRequest request, ServletResponse
response,
                FilterChain chain) throws IOException, ServletException {
        String userName = ((HttpServletRequest) request).getParameter
("username");
        if(userName != null)
        //进行字符转换,使支持中文
        userName = new String(userName.getBytes("ISO-8859-1"),"utf-8");
      //判断是否在黑名单中
      if(userName !=null && blackList.indexOf(userName)!=-1)
      {
            //设置文件头:输出文档类型和编码
            response.setContentType("text/html;charset=GB2312");
            PrintWriter out = response.getWriter();
            out.println("<html><head></head><body>");
            out.println("<h1>对不起"+userName+",你没有权限留言</h1");
            out.println("</body></html>");
            out.flush();
            return;
      }
      //服务器对请求处理开始时间
      long before = System.currentTimeMillis();
       config.getServletContext().log("MyFirstFilter: before call
chain.doFilter()");
      chain.doFilter(request, response);
       config.getServletContext().log("MyFirstFilter: after call
chain.doFilter()");
      //服务器对请求处理结束时间
      long after = System.currentTimeMillis();
      String name =null;
      if(request instanceof HttpServletRequest)
      {
          name=((HttpServletRequest)request).getRequesturi();
      }
   config.getServletContext().log("MyFirstFilter:"+name+":"+(after-
```

```
before)+"ms");
    }
    public    void    init    ( FilterConfig    filterConfig )    throws
ServletException {
        this.config = filterConfig;
        //初始化黑名单
        blackList = filterConfig.getInitParameter("blacklist");
    }
}
```

2. 配置 Servlet 过滤器

创建 Servlet 过滤器后，需要在 web.xml 文件中配置过滤器，以使过滤器对指定的资源访问进行预处理。

上例 Servlet 过滤器在 web.xml 文件中的配置结果如下：

```
<? xml version="1.0" encoding="UTF-8"? >
<web-app version="2.5" xmlns="http://java.sun.com/xml/ns/javaee"
xmlns:xsi="http://www.w3.org/2001/XMLSchema-instance" xsi:schema-
Location = " http://java.sun.com/xml/ns/javaee    http://java.sun.com/
xml/ns/javaee/web-app_2_5.xsd">
    <filter>
      <!--配置过滤器名称和过滤器对象类 -->
      <filter-name>MyFirstFilter</filter-name>
      <filter-class>chp6.MyFirstFilter</filter-class>
    <!--配置过滤器初始化参数 -->
    <init-param>
       <param-name>blacklist</param-name>
       <param-value>tom,sandy</param-value>
      </init-param>
    </filter>
    <!--配置过滤器过滤映射规则 -->
    <filter-mapping>
      <filter-name>MyFirstFilter</filter-name>
      //"/* "表示对所有资源进行过滤
      <url-pattern>/* </url-pattern>
    </filter-mapping>
```

将 Servlet 源文件 MyFirstFilter.java 编译成 MyFirstFilter.class 文件后，复制到 WEB-INF\classes 目录下，然后在浏览器地址栏中输入“http://localhost:8080/bookshop/Login.jsp? username=tom”，执行结果见图 6-8。

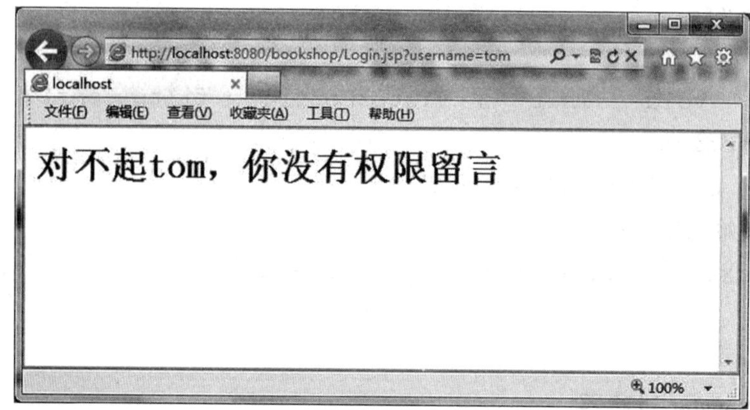

图 6-8 过滤器执行效果

6.2.3 作为监听器

Servlet 监听器用于监听 ServletContext、HttpSession 和 ServletRequest 对象的状态改变，可以在前述三个对象的状态改变前、后作一些必要的处理。主要实现的接口有：

(1)ServletContextListener：处理 Servlet 上、下文被初始化或被销毁的事件。

(2)ServletContextAttributeListener：处理 Servlet 上、下文内的属性被增加、被删除或者被替换时发生的事件。

(3)HttpSessionListener：处理 HttpSession 被创建或被销毁的事件。

(4)HttpSessionActivationListener：处理 HttpSession 被激活或被钝化时发生的事件。

(5)HttpSessionAttributeListener：处理 HttpSession 内的属性被增加、被删除或者被替换时发生的事件。

(6)HttpSessionBindingListener：处理对象被绑定或者被移出 HttpSession 时发生的事件。

(7)ServletRequestListener：处理 Servlet 请求被初始化或被销毁的事件。

(8)ServletRequestAttributeListener：处理 Servlet 请求内的属性被增加、被删除或者被替换时发生的事件。

注意：HttpSessionBindingListener 接口是唯一不需要在 web. xml 中注册的 Listener。

下面编写一个实例，使它能够对 ServletContext 和 HttpSession 进行监听，以统计实时在线人数。

【例 6-4】在线人数统计。

步骤 1：创建 Servlet 监听器。

文件：Listener. java

```
package chp6;
import javax.servlet.ServletContextEvent;
import javax.servlet.ServletContextListener;
import javax.servlet.http.HttpSessionListener;
import javax.servlet.http.HttpSessionEvent;
public class Listener implements HttpSessionListener, ServletCon-
textListener {
```

```
    private int onLine;
    //创建新会话事件
    public void sessionCreated(HttpSessionEvent arg0) {
        onLine++;
        System.out.println("在线用户数:"+onLine);
    }
    //销毁会话事件
    public void sessionDestroyed(HttpSessionEvent arg0) {
        if(onLine>0) onLine--;
        System.out.println("在线用户数:"+onLine);
    }
        System.out.println("在线用户数:"+onLine);
    }
    public void contextDestroyed(ServletContextEvent arg0) {
    }
    //初始化上下文事件
    public void contextInitialized(ServletContextEvent arg0) {
        onLine=0;
    }
}
```

步骤2:配置Servlet监听器。

创建Servlet监听器后,需要在web.xml文件中配置监听器以使应用程序加载监听器。本例Servlet监听器在web.xml文件中的配置结果如下:

```
<listener>
<!--指定监听器类名 -->
  <listener-class>chp6.Listener</listener-class>
</listener>
```

本例最终执行结果见图6-9。

```
信息: MyFirstFilter:/bookshop/chapter8/TestTag.jsp:16ms
2011-6-14 15:43:54 org.apache.catalina.core.ApplicationContext log
信息: MyFirstFilter:before call chian.doFilter()
2011-6-14 15:43:54 org.apache.catalina.core.ApplicationContext log
信息: MyFirstFilter:after call chain.doFilter()
2011-6-14 15:43:54 org.apache.catalina.core.ApplicationContext log
信息: MyFirstFilter:/bookshop/chapter8/TestTag.jsp:0ms
2011-6-14 15:44:06 org.apache.catalina.core.ApplicationContext log
信息: MyFirstFilter:before call chian.doFilter()
在线用户数: 2
2011-6-14 15:44:06 org.apache.catalina.core.ApplicationContext log
信息: MyFirstFilter:after call chain.doFilter()
2011-6-14 15:44:06 org.apache.catalina.core.ApplicationContext log
信息: MyFirstFilter:/bookshop/chapter8/TestTag.jsp:16ms
```

图6-9　监听器的执行结果

本章小结

本章主要讲解了 Servlet 基本知识和 Servlet 的应用。通过对本章的学习，读者应该了解 Servlet 的生命周期和 Servlet 开发的相关知识，掌握 Servlet 作为控制器、过滤器和监听器方面的应用。

本章习题

1. 简述 JSP 与 Servlet 的区别和联系。
2. 简述 Servlet 的生命周期及其生命周期中的几个重要方法。
3. 使用 JDK 编译 Servlet 程序时需要 servlet-api. jar 包，这个文件应施在 JDK 的什么地方？如何获得？
4. 编译后的 Servlet 的 .class 文件应被存放到 Web 应用的什么目录下？如何配置 web. xml？
5. 如何在 Servlet 中实现页面跳转？
6. 什么是 Servlet 过滤器？什么是 Servlet 监听器？

第7章 JavaBean编程

本章导读

JavaBean是描述Java的软件组件模型,有些类似于Microsoft的COM组件的概念。在Java模型中,通过JavaBean能无限扩充Java程式的功能,通过JavaBean的组合能快速生成新的应用程式。JavaBean实现了代码的重复利用,并提高了易维护性。

本章目标

- 了解JavaBean的基本知识
- 掌握如何使用JavaBean

7.1 JavaBean的基本知识

7.1.1 JavaBean简介

JavaBean的传统应用在于可视化领域,如AWT下的应用。自从JSP诞生后,JavaBean更多地被应用在了非可视化领域,在服务器端的应用方面表现出越来越强的生命力。例如,在JSP程序中JavaBean常被用来封装事务逻辑、数据库操作等,它可以很好地实现业务逻辑和前台程序(如JSP文件)的分离,使得系统具有更好的健壮性和灵活性。

举一个简单的例子:一个购物车程序,要实现向购物车中添加一件商品这样的功能,可以写一个购物车操作的JavaBean,建立一个public的AddItem成员方法,在前台JSP文件里直接调用这个方法来实现;如果后来又考虑添加商品的时候需要判断库存是否有货物,没有货物不得购买,可以直接修改JavaBean的AddItem方法,加入处理语句来实现,这样就完全不用修改前台JSP文件了。由此可见,通过JavaBean可以很好地实现逻辑的封装、程序的易于维护等。如果需要使用JSP开发Web应用程序,一个很好的习惯就是多使用JavaBean。

7.1.2 JavaBean开发

创建JavaBean并不是一件困难的事情,前面章节学习了Java编程的相关知识,为开发 JavaBean 程序打下了良好的基础。需要注意的是,在非可视化 JavaBean 中,常用 get 或者 set 这样的成员方法来处理 JavaBean 属性。

【例 7-1】我的第一个 JavaBean。

文件:FirstJavaBean. java

```
package chp7;
FirstJavaBean. java
import java. io. * ;
public class FirstJavaBean {
private String FirstProperty = new String("");
   public FirstJavaBean() {
   }
   public String getFirstProperty() {
      return FirstProperty;
   }
   public void setFirstProperty(String value) {
      FirstProperty = value;
   }
   public static void main(String[] args)
   {
      System. out. println("My First JavaBean!");
   }
}
```

这是一个很典型的 JavaBean。FirstProperty 是其中的一个属性(Property),外部通过 get 或 set 方法可以对这个属性进行操作。main 方法是为了测试程序用的,写 JavaBean 可以先不必在 JSP 程序中调用,而是直接用 main 方法来进行调试,调试好以后便可以在 JSP 程序中调用了。

可以使用 JDK 对 JavaBean 进行编译后调试(也可以使用其他 Java 的 IDE 开发环境)。如本例增加了 main()方法,就可以在 Java 环境中直接运行,效果见图 7-1。

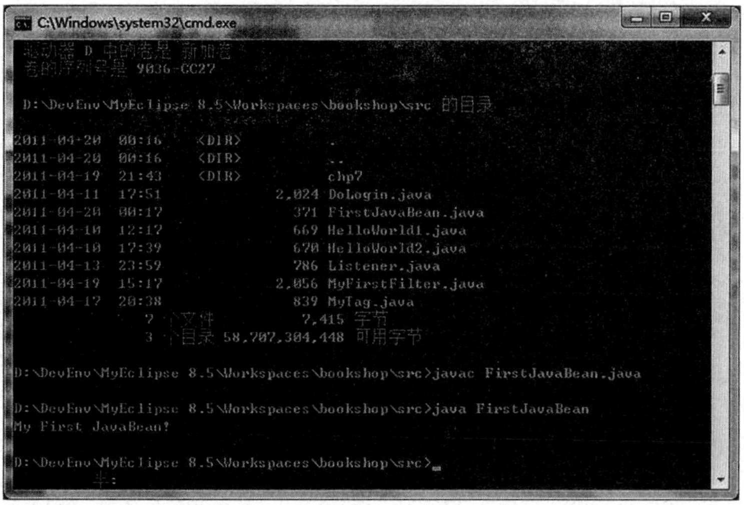

图 7-1 JavaBean 的编译和调试

在 Web 应用页面中应用 JavaBean 时，需要使用 JSP 的动作元素<jsp:useBean>在 JSP 页面中创建一个 Bean 实例并指定它的名字(id)及作用范围(scope)，同时使用<jsp:setProperty>和<jsp:getProperty>设置并获取 JavaBean 的属性值。本例在 FirstJavaBean. jsp 中引用了 FirstJavaBean。

文件：TestJavaBean. jsp

```
<%@ page contentType="text/html; charset=gb2312" %>
<!DOCTYPE HTML PUBLIC "-//W3C//DTD HTML 4.01 Transitional//EN">
<html>
  <head>
    <title>测试 JavaBean</title>
  </head>
  <body>
    <jsp:useBean id="fstBean" class="chp7.FirstJavaBean" scope="re-
quest" />
      <jsp:setProperty property="fstProperty" name="fstBean" value
="测试 JavaBean 的应用:先设置 Bean 属性值,然后再取得属性值并显示!"/>
      <h1><jsp:getProperty name="fstBean" property="fstProperty" /></
h1>
  </body>
</html>
```

在浏览器地址栏中输入“http://localhost:8080/bookshop/chapter7/TestJavaBean. jsp”，执行结果见图 7-2。

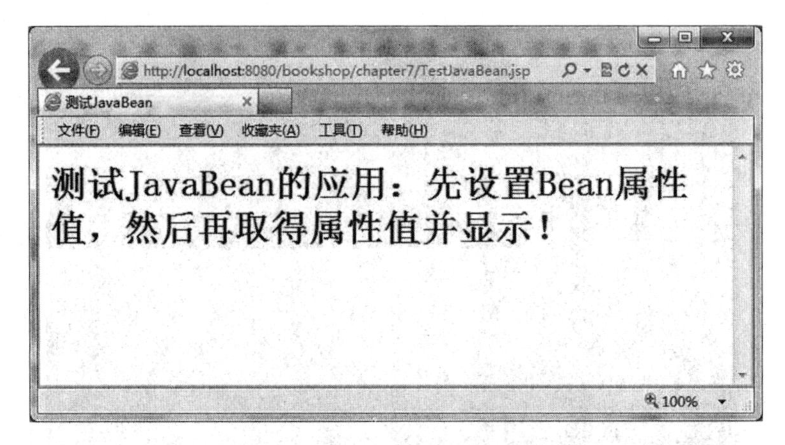

图 7-2　测试 JavaBean 的应用

7.2　JavaBean 的使用

JavaBean 在 JSP 程序中常被用来封装事务逻辑、数据库操作等,可以很好地实现业务逻辑和前台程序(如 JSP 文件)的分离。

【例 7-2】使用 JavaBean 封装事务逻辑、数据库操作。

本例主要有三个 JSP 文件和两个 JavaBean 文件,各文件实现的功能如下:

(1)NewUser. jsp:主要用来实现注册用户的界面。

(2)DoneUser. jsp:用来实现添加到数据库中的具体功能。

(3)ListUser. jsp:用来实现显示所有用户信息。

(4)db. java:用来实现数据库的操作。主要有两种方法:public ResultSet executeQuery(sql)用来记录集,public boolean executeUpdate(String sql)用来进行记录的更新。

(5)adduser. java:继承了 db 类,用来提供所需更新和查询的 SQL 语句。

程序如下。

(1)文件:db. java

```
package chp7;
import java. sql. * ;
import java. lang. * ;
public class db {
    //成员变量初始化
    Connection cn = null; //数据库连接
    Statement stmt = null;//语句对象
    ResultSet rs = null; //结果集
    String MySQLURL = "jdbc:mysql://127.0.0.1:3306/bookshop";
```

```
//db 的构建器
public db() {
        try {
            //注册数据库驱动程序为 MySQL 驱动
            Class.forName("com.mysql.jdbc.Driver");
            //建立与数据库的连接
            Connection cn = DriverManager.getConnection(MySQLURL ,
"root" , "123");
            //创建语句对象
            stmt = cn.createStatement();
            System.out.println("success");
        }
        catch(Exception e) {
            System.out.println("错误"+e.getMessage());
        }
}
//executeQuery 方法用于进行记录的查询操作
//入口参数为 SQL 语句,返回 ResultSet 对象
public ResultSet executeQuery(String sql) {
    rs = null;
    try {
        //执行数据库查询操作
        rs = stmt.executeQuery(sql);
    }
    catch(SQLException ex) {
        System.err.println("db.executeQuery:"+ ex.getMessage
());
    }
    return rs;
}
//executeUpdate 方法用于进行 add 或者 update 记录的操作
//入口参数为 SQL 语句,成功返回"true",否则为"false"
public boolean executeUpdate(String sql) {
    boolean bupdate=false;
    rs = null;
    try {
        //建立数据库连接,其他参数说明同上面的一样
```

```
                int rowCount = stmt.executeUpdate(sql);
                //如果不成功,bupdate 就会返回“0”
                if(rowCount! =0)bupdate=true;
            }
            catch(SQLException ex) {
                //打印出错信息
                    System .out.println ( " db.executeUpdate: " +
ex.getMessage());
            }
            return bupdate;
        }
        //toChinese 方法用于将一个字符串进行中文处理
        //否则将会是“???”这样的字符串
        public static String toChinese(String strvalue) {
            try{
                if(strvalue==null)
                {
                    return null;
                }
                else {
                    strvalue = new String(strvalue.getBytes
("ISO8859_1"), "GBK");
                    return strvalue;
                }
            }
            catch(Exception e){
                return null;
            }
        }
    }
```

(2)文件:adduser. java

```
package chp7;
import java.sql.* ;
//adduser 由 db 派生出来,拥有 db 的成员变量和方法
public class adduser extends db {
    String username=""; //用户名
```

```
        String password=""; //密码
        String gender=""; //性别
        String province=""; //来自省份
        String aboutme=""; //个人简介
        //构建器
        @ SuppressWarnings("finally")
        public boolean addNewUser(){
                boolean boadduser=false;
                try {
                        //进行用户注册的记录添加操作,生成 SQL 语句
                        String sSql=new String("insert into userinfo(user-
name,password,gender,province, aboutme)");
                        sSql=sSql+" values('"+username+"','"+password+"','"+
gender+"','"+province +"','"+aboutme+"')";
                        //一种调试的方法,可以打印出 SQL 语句,以便于查看错误
                        System.out.println(sSql);
                        //调用父类的 executeUpdate 方法,并根据成功与否来设置
                        //返回值
                        if(super.executeUpdate(sSql)) boadduser=true;
                }
                catch(Exception ex) {
                        //出错处理
                            System.err.println ( " adduser.addNewUser: " +
ex.getMessage());
                }
                finally {
                        //无论是否出错,都要返回值
                        return boadduser;
                }
        }

        //checkUser()方法用来检查用户名是否重复
        //如果重复则返回一个"false"
        @ SuppressWarnings("finally")
        public boolean checkUser(){
            boolean boadduser=false;
            try {
```

```
                //构建 SQL 查询语句
                String sSql = "select *  from userinfo where username =
'"+username+"'";
                System.out.println(sSql);
                //调用父类的 executeQuery 方法
                if((super.executeQuery(sSql)).next()){
                    //查询出来的记录集为空
                    boadduser=false;
                }
                else{
                      boadduser=true;
                }
        }
        catch(Exception ex) {
                //出错处理
                        System.err.println ( " adduser.addNewUser:" +
ex.getMessage());
        }
        finally {
                //返回值
                return boadduser;
        }
    }
    public String getUsername(){ return username;}
    public void setUsername(String newUsername)
    {
        //用户名有可能是中文,需要进行转换
        username =db.toChinese(newUsername);
    }
        //属性 password 的 get/set 方法
    public String getPassword(){ return password;}
    public void setPassword(String newPwd){ password = newPwd;}
    //属性 gender 的 get/set 方法
    public String getGender(){ return gender;}
    public void setGender(String newGender){ gender = newGender;}
    //属性 Province 的 get/set 方法
    public String getProvince(){ return Province;}
```

```
    public void setProvince(String newProv){ Province = newProv;}
    //属性 aboutme 的 get/set 方法
    public String getAboutme(){ return aboutme;}
    public void setAboutme(String newabm){
        //签名有可能是中文,需要进行转换
        aboutme = newabm;
    }
}
```

(3)文件:NewUser.jsp

```
<%@ page contentType="text/html; charset=gb2312" %>
<! DOCTYPE HTML PUBLIC "-//W3C//DTD HTML 4.01 Transitional//EN">
<html>
   <head>
      <title>新用户注册</title>
   </head>
   <body bgcolor="#FFFAD9">
       <script language="JavaScript">
       function valid(form)
       {
           if(form.username.value.length==0)
          {
               alert("Please enter username!");
               form.username.focus();
               return false;
          }
           if(form.Password.value==form.password1.value){
               alert("你输入的验证密码不正确");
               form.password1.focus();
           }
       }
       </script>
       <font color="#8484FF"><strong><big>新个人
       用户注册 <big></strong></font>
       <form onsubmit="return valid(this)" method="POST"  name=
"formreg" action="DoneUser.jsp">
       用户名: <input type="text" name="username"><hr>
```

```
        性别： <input type="radio" name="gender" value="男">男
               <input type="radio" name="gender" value="女">女<hr>

        来自的省份:<select name="Province">
                <option value="北京">北京</option>
                <option value="上海">上海</option>
                <option value="天津">天津</option>
                <option value="江苏">江苏</option>
                <option value="广东">广东</option>
                <option value="湖北">湖北</option>
            </select><hr>
        简介: <textarea rows="4" name="aboutme" cols="30" ></textarea>
        <input type="submit" value="提交">
        <input type="reset" value="重置">
        </form>
    </body>
</html>
```

(4)文件:listUser. jsp

```
<% @ page contentType="text/html; charset=gb2312" % >
<! DOCTYPE HTML PUBLIC "-//W3C//DTD HTML 4.01 Transitional//EN">
<% response. setHeader("Expires","0"); % >
<% @ page import="java. sql. ResultSet" % >
<% @ page import="org. gjt. mm. mysql. Driver. * " % >
<!--生成一个 JavaBean:chp. db 的实例-->
<jsp:useBean id="db" class="chp7. db" scope="request"/>
<jsp:setProperty name="db" property="* "/>
<%
java. lang. String strSQL; //SQL 语句
int intPageSize; //一页显示的记录数
int intRowCount; //记录总数
int intPageCount; //总页数
int intPage; //待显示页码
java. lang. String strPage;
int i,j,k;
//设置一页显示的记录数
intPageSize = 15;
```

```
    //取得待显示页码
    strPage = request.getParameter("page");
    if(strPage==null){//表明在 QueryString 中没有 page 这一个参数,此时显
示//第一页数据
        intPage = 1;
    }
    else{//将字符串转换成整型
    intPage = java.lang.Integer.parseInt(strPage);
    if(intPage<1) intPage = 1;
    }
    //获取记录总数
    strSQL = "select count(* ) from userinfo";
    ResultSet result = db.executeQuery(strSQL); //执行 SQL 语句并取得结果集
    result.next(); //结果集刚打开的时候,指针位于第一条记录之前
    intRowCount = result.getInt(1);
    result.close(); //关闭结果集
    //记算总页数
    intPageCount =(intRowCount+intPageSize-1) / intPageSize;
    //调整待显示的页码
    if(intPage>intPageCount) intPage = intPageCount;
    strSQL="select *from userinfo";
    //执行 SQL 语句并取得结果集
    result = db.executeQuery(strSQL);
    //将指针定位到待显示页的第一条记录上
    i =(intPage-1) *  intPageSize;
    for(j=0;j<i;j++) result.next();
    %>
    <html>
    <head>
        <title>用户列表</title>
    </head>
    <body bgcolor="#FFEBBD">
        <form>
        <table border="1" cellspacing="0" height="22" width="100% ">
            <tr bgcolor="#FFEBAD">
                <td height="1" width="691">
                    第<% =intPage% >页 共<% =intPageCount% >页
```

```
                    <a href="ListUser.jsp? page=0">首页</a>
                    <% if(intPage>1){% ><a href="listuser.jsp? page
=<% =intPage-1% >">上一页</a><% }% >
                    <% if(intPage<=1){% >上一页<% }% >
                    <% if(intPage<intPageCount){% ><a href="listus-
er.jsp? page=<% =intPage+1% >">下一页</a><% }% >
                    <% if(intPage>=intPageCount){% >下一页<% }% >
                    <a href="listuser.jsp? page=<% =intPageCount% >">
尾页</a>
                    第<input type="text" class="main" name="page" size
="3" value="<% =intPage% >" tabindex="1">页<input type="submit" value
="go" name="B1" tabindex="2">
               </td>
             </tr>
          </table>
          </form>
          <table border="1" width="100% " cellspacing="0">
               <tr bgcolor="#FFEBAD">
                  <td align="center">用户名</td>
                  <td align="center">性别</td>
                  <td align="center">所属省份</td>
                  <td align="center">简介 </td>
               </tr>
               <%
               //显示数据
               i = 0;
               while(i<intPageSize && result.next()){
               % >
                 <tr >
                           < td  align = " left " > <%  = db.toChinese
(result.getString("username")) % ></td>
                           < td  align = " left " > <%  = db.toChinese
(result.getString("gender")) % ></td>
                           < td  align = " left " > <%  = db.toChinese
(result.getString("Province")) % ></td>
                           < td  align = " left " > <%  = db.toChinese
(result.getString("aboutme")) % ></td>
```

```
            </tr>
          <%
            i++;
          }
          % >
      </table>
      <% result.close(); //关闭结果集% >
  </body>
  </html>
```

(5)文件:doneUser.jsp

```
  <% @ page contentType="text/html; charset=gb2312" % >
  <! DOCTYPE HTML PUBLIC "-//W3C//DTD HTML 4.01 Transitional//EN">
  <% response.setHeader("Expires","0"); % >
  <!--生成一个 JavaBean:chp7.adduser 的实例,id 为 adduser,生存范围为
page-->
  <jsp:useBean id="adduser" class="chp7.adduser" scope="page"/>
  <!--设置 JavaBean 中各个属性的值,这会调用 JavaBean 中各个属性的 set 方
法,以便 JavaBean 得到正确的属性值,"*"代表进行所有属性的匹配-->
  <jsp:setProperty name="adduser" property="*"/>
  <html>
      <head>
          <title>用户添加</title>
      </head>
      <body>
          <div align="center">
          <%
          //调用 chp7adduser 的 checkUser()方法检查是否有重复的用户名
          //如果有重复就显示对应的信息
          if(! adduser.checkUser())
          {
                  //页面文字输出信息,使用 JSP 内置对象 out 的 println 方法,相
当 ASP 中的 response.write 方法
                  out.println("对不起,这个用户名"+adduser.getUsername()+"已
经被申请了,请重新选择!");
                  //"return"代表"返回",运行时碰到"return"就不会再进行下面
的处理了,功能相当于 ASP 中的 response.end
                  return;
```

```
            }
            //如果没有用户名重复的问题,调用 chp7adduser 的 addNewUser()方
法,将用户数据添加到数据库中,并根据数据添加成功与否来显示对应的信息
            if(adduser.addNewUser()){
                out.println("<H2>添加用户成功! </H2> ");
            }
            else
            {
                out.println("<H2>添加用户失败,请和管理员联系! </H2> ");
            }
            % >
            </div>
        </body>
    </html>
```

先将三个 JSP 文件部署到 tomcat 的 webapps\chapter7 目录下，然后将 JavaBean 源文件 db.java、adduser.java 编译成 db.class 和 adduser.class 文件并复制到 WEB-INF\classes 目录下,然后在浏览器地址栏中输入“http://localhost:8080/bookshop/chapter7/NewUser.jsp”,执行结果见图 7-3。

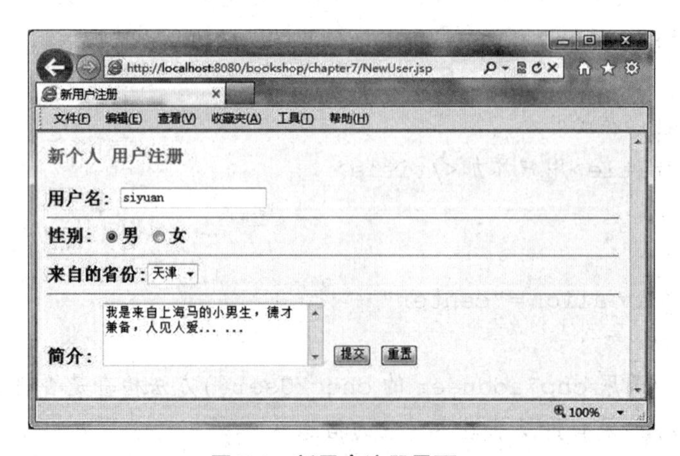

图 7-3 新用户注册界面

上图中单击“提交”按钮后,DoneUser.jsp 页面调用 JavaBean 的 checkUser()时先检查用户名是否已存在,如果用户名不存在则调用 addNewUser()向 userinfo 表中添加记录。

在浏览器地址栏中输入“http://localhost:8080/bookshop/chapter7/ListUser.jsp”,执行后将看到刚刚注册的记录(见图 7-4)。

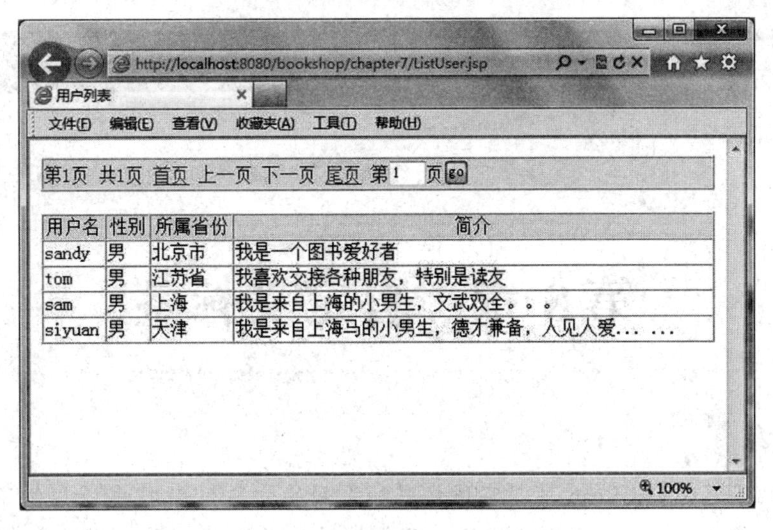

图 7-4 分页显示效果图

本章小结

本章主要讲解了 JavaBean 的基本知识和 JavaBean 的使用。通过对本章的学习，读者应该了解 JavaBean 的相关知识、JavaBean 的开发，掌握如何使用 JavaBean。

本章习题

1. JavaBean 和 JSP 相结合可以实现 JavaBean?
2. 简述 JavaBean 的四个 scope 及各自的范围?
3. 在 JDK 环境下如何编译 JavaBean，编译后的 .class 文件应放在何处?

第 8 章　自定义标签

本章导读

前章介绍了通过 JavaBean 可以实现代码和页面的分离，JSP 技术还提供了另外一种封装其他动态类型的机制——自定义标签。通过自定义标签，可以定义类似于 JSP 的标签如<jsp:useBean>、<jsp:forward>的自定义操作。

本章目标

- 了解自定义标签的基本知识
- 掌握如何创建标签

8.1　自定义标签的基本知识

自定义标签是由标签处理类和一个 XML 格式的标签描述文件组成的。标签处理类中包含了请求期间要执行的 Java 代码，在标签描述文件中定义了如何使用这个标签。服务器在执行包含标签的 JSP 文件时会通过标签描述文件调整标签处理类。多个自定义标签就组成了一个自定义标签库。

8.1.1　自定义标签的类型

自定义标签主要有以下几种类型：

(1)不带属性和标签体的简单标签，在 JSP 中引用格式：

```
<myTabPrefix:TagName />
```

(2)带有属性、没有标签体的标签，在 JSP 中引用格式：

```
<myTabPrefix:TagName attributeName=value />
```

(3)带有属性和标签体的标签，在 JSP 中引用格式：

```
<myTabPrefix:TagName attributeName=value>TabBody</ myTabPrefix >
```

8.1.2　开发自定义标签的步骤

1. 创建标签的处理类

自定义标签类继承一个父类：java. Servlet. jsp. tagext. TagSupport。除此之外，自定义标签类还有如下要求：

(1) 如果标签类包含属性，每个属性都有对应的 getter 和 setter 方法。

(2) 重写 doStartTag 或 doEndTag 方法，这两个方法生成页面内容。

(3) 如果需要在销毁标签之前完成资源回收，则重写 destroy 方法。

2. 编写标签库描述文件

描述文件是一个后缀名为 . tld 的 XML 文件，它描述了标签处理程序的属性、信息和位置，JSP 容器通过这个文件得知调用哪个标签处理类。

3. 在 web. xml 中配置自定义标签

在 web. xml 中配置自定义标签，是为了让 Web 容器加载标签库定义的文件。在 web. xml 文件中定义标签库时使用 taglib 元素，该元素包含两个子元素，即 taglib-uri 和 taglib-location，前者确定标签库的 URI，后者确定标签库定义文件的位置。

4. 在 JSP 文件中使用自定义标签

在 JSP 文件中使用自定义标签时需要先使用<%@ taglib>指令元素：

```
<% @  taglib uri="标记库的 uri" prefix="前缀名"% >
```

然后在 JSP 页面中使用自定义标签：

```
<前缀名:TagName attributeName=value>TabBody</前缀名>
```

8.2　创建标签

8.2.1　创建带属性的标签

简单标签既不带属性，也不带标签体。带属性标签和带标签体的标签都是基于简单标签的基础上进行开发的。通过创建带属性标签，可以对标签属性进行读取和写入，标签可以根据属性值输出不同的结果。

【例 8-1】创建 MyTag1 的标签类，本例将根据参数值输出时间和文件名。

步骤 1：创建标签处理类。

```
//标签处理类，继承 TagSupport 父类
```

文件：MyTag1. java

```
import java.util.Date;
```

```
    import javax. servlet. http. * ;
    import javax. servlet. jsp. * ;
    import javax. servlet. jsp. tagext. * ;
    public class MyTag1 extends TagSupport {
        private static final long serialVersionUID = 1L;
        //重定义 doStartTag(),加入标签处理内容
        public int doStartTag() throws JspException {
        try {
                //获取 request 对象
                HttpServletRequest request = (HttpServletRequest)pageCon-
text. getRequest();
                //获取 out 对象
                JspWriter out = pageContext. getOut();
                //根据属性值决定输出内容
                if (parameter. compareToIgnoreCase("filename") = = 0)
                    out. print(request. getServletPath());
                else
                    out. print(new Date());
        }
        //异常处理
        catch(java. io. IOException e) {
                throw new JspTagException(e. getMessage());
        }
        return SKIP_BODY;
    }
    //属性值初始化
    private String parameter = "date";
    //setter 方法
    public void setParameter(String parameter) {
        this. parameter = parameter;
    }
    //getter 方法
    public String getParameter() {
        return parameter;
    }
}
```

这是个非常简单的标签,它只在页面中显示当前时间和文件名。该标签带有属性,因此

提供 setter 和 getter 方法;在标签结束时无需回收资源,因此不必重写 destroy( )方法。

该标签调用 doStartTag( )输出时间值或文件名,方法结束时返回常量值。常见常量值及说明如下:

(1)EVAL_BODY_INCLUDE:执行标签体的内容。

(2)SKIP_BODY:不执行标签体的内容。

(3)EVAL_PAGE:标签结束后继续执行 JSP 页面的其他部分。

(4)SKIP_PAGE:标签结束后停止执行 JSP 页面的其他部分。

对 MyTag1. java 进行编译,将得到的 MyTag1. class 文件复制到 Web 应用的 WEB-INF\classes 目录下。

步骤 2:编写标签描述文件。

标签描述文件的扩展名为 . tld,该文件应在 WEB-INF\tlds 目录下。

文件:MyTagLib. tld

```
<? xml version="1.0" encoding="ISO-8859-1"? >
<taglib version="2.1" xmlns="http://java.sun.com/xml/ns/javaee"
 xmlns:xsi="http://www.w3.org/2001/XMLSchema-instance" xsi:schemaLocation=" http://java.sun.com/xml/ns/javaee http://java.sun.com/xml/ns/javaee/web-jsptaglibrary_2_1.xsd ">
<tlib-version>1.1</tlib-version>
<short-name>tag</short-name>
<!--定义标签-->
<tag>
<!--指定标签名称-->
<name>MyTag1</name>
<!--指定标签实现的类名-->
<tag-class>chp8.MyTag1</tag-class>
<!--指定标签体为空-->
<body-content>empty</body-content>
<!--定义标签属性-->
<attribute>
 <!--指定标签属性名-->
 <name>parameter</name>
  <!--指定标签属性值-->
  <rtexprvalue>true</rtexprvalue>
</attribute>
</tag>
</taglib>
```

步骤 3:配置 web. xml 文件。

在 web. xml 中添加以下语句,Web 应用启动时将加载自定义标签。

```
<!--定义标签库 -->
```

```
<taglib>
    <!--确定标签库的 URI-->
    <taglib-uri>/WEB-INF/tlds/MyTagLib.tld</taglib-uri>
    <!--确定标签库定义文件的位置-->
      < taglib - location >/WEB - INF/tlds/MyTagLib.tld </taglib -
location>
</taglib>
```

步骤 4:在 JSP 文件中使用标签。

文件:TestTag.jsp

```
<%@ page contentType="text/html; charset=gb2312" %>
<%@ taglib uri="/WEB-INF/tlds/MyTagLib.tld" prefix="tg1" %>
<! DOCTYPE HTML PUBLIC "-//W3C//DTD HTML 4.01 Transitional//EN">
<html>
  <head>
    <title>测试自定义标签</title>
  </head>
  <body>
<h1>自定义标签测试结果</h1>
    Date : <tg1:MyTag1 parameter="date" /><br>
    File : <tg1:MyTag1 parameter="filename" />
  </body>
</html>
```

将这个文件部署到 tomcat 的 webapps\chapter8 目录下,在浏览器地址栏中输入"http://localhost:8080/bookshop/chapter8/TestTag.jsp",运行结果见图 8-1。

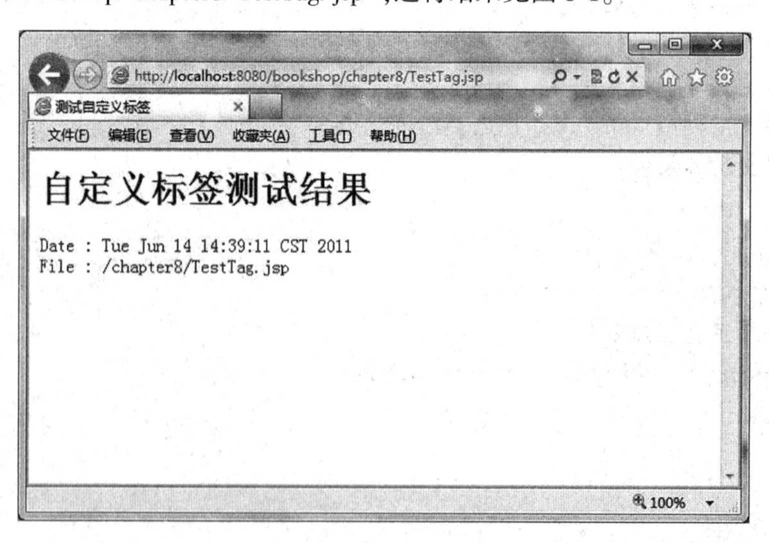

图 8-1 自定义标签的执行结果

8.2.2　创建带标签体的标签

带标签体的标签在 JSP 页面中的语法格式如下：

<前缀名:TagName attributeName=value>TabBody</前缀名>

有时可以根据属性的值决定是否显示标签体。创建带标签体的标签方法与前例相似。

【例 8-2】创建 MyTag2 的标签类，本例将根据参数值决定是否输出标签体内容。

步骤 1：创建标签处理类。

//标签处理类，继承 TagSupport 父类

文件：MyTag2. java

```
import java.util.Date;
import javax.servlet.http.*;
import javax.servlet.jsp.*;
import javax.servlet.jsp.tagext.*;
public class MyTag2 extends TagSupport {
    private static final long serialVersionUID = 1L;
    //重定义 doStartTag(),加入标签处理内容
    public int doStartTag() throws JspException {
        try {
            if (out==true)
                return EVAL_BODY_INCLUDE;
            else
                return SKIP_BODY;
        }
        //异常处理
        catch(java.io.IOException e){
            throw new JspTagException(e.getMessage());
        }
    }
    //属性值初始化
    private Boolean out;
    //setter 方法
    public void setParameter(Boolean out) {
        this.out = out;
    }
}
```

该标签只重定义了 doStartTag 方法，它根据 out 属性值决定是否输出标签体。out 属性值通过 setter 方法进行设置。

对 MyTag2. java 进行编译，将得到的 MyTag2. class 文件复制到 Web 应用的 WEB-INF\classes 目录下。

步骤 2：编写标签描述文件。

打开 WEB-INF\tlds 目录下的标签描述文件 MyTagLib. tld，添加以下标签描述语句：

```
<!--定义标签-->
<tag>
  <!--指定标签名称-->
  <name>MyTag2</name>
  <!--指定标签实现的类名-->
  <tag-class>MyTag2</tag-class>
  <!--指定标签体为空-->
  <body-content>JSP</body-content>
  <!--定义标签属性-->
  <attribute>
  <!--指定标签属性名-->
  <name>out</name>
  <!--指定标签属性值-->
  <rtexprvalue>true</rtexprvalue>
  </attribute>
</tag>
```

步骤 3：配置 web. xml 文件。

由于两例使用同一个标签描述文件，在此不需要再次配置 web. xml 文件。

步骤 4：在 JSP 文件中使用标签。

在 TestTag. jsp 文件中添加新标签的应用，添加后的文件内容如下：

```
<% @ page contentType="text/html; charset=gb2312" % >
<% @ taglib uri="/WEB-INF/tlds/MyTagLib. tld" prefix="tg1" % >
<! DOCTYPE HTML PUBLIC "-//W3C//DTD HTML 4.01 Transitional//EN">
<html>
  <head>
    <title>测试自定义标签</title>
  </head>
  <body>
<h1>的定义标签测试结果</h1>
  Date : <tg1:MyTag1 parameter="date" /><br>
  File : <tg1:MyTag1 parameter="filename" /></br>
  <h1>带属性标签体标签测试结果</h1>
  <!--显示标签体 Hello Word1-->
```

```
    <tg1:MyTag2 out="true">Hello Word1</tg1:MyTag2><br>
    <!--将不显示标签体 Hello Word2-->
    <tg1:MyTag2 out="false">Hello Word2</tg1:MyTag2>
  </body>
</html>
```

在浏览器地址栏中输入“http://localhost:8080/bookshop/chapter8/TestTag.jsp”，运行结果见图8-2。

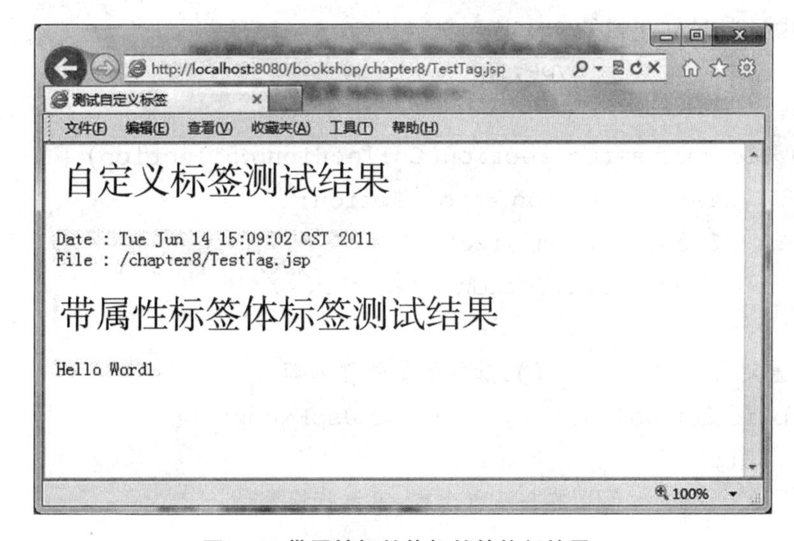

图8-2　带属性标签体标签的执行结果

8.2.3　创建迭代的标签

在JSP页面中，集合对象常常需要采用while或for循环输出，导致JSP代码难以维护，重用性不好，程序员需要重复烦琐的工作。为了解决这个问题，可以开发迭代标签，将集合对象内容自迭代输出。

开发迭代标签需要两个类，即标签处理类和标签信息类。标签处理类继承TagSupport父类，标签信息类要扩展TagExtraInfo类。

【例8-3】创建MyTag3的标签类，本例将输出集合对象全部的值。

步骤1：创建标签处理类。

//标签处理类，继承TagSupport父类

文件：MyTag3.java

```
import java.util.Date;
import javax.servlet.http.*;
import javax.servlet.jsp.*;
import javax.servlet.jsp.tagext.*;
public class MyTag3 extends TagSupport {
    private static final long serialVersionUID = 1L;
```

```
private String name; //迭代出的对象在 pageContext 中的名字
private Collection collection; //需要输出的集合对象
private Iterator it; //需要迭代的对象
private String type; //迭代对象的类型
public void setName(String name) {
    this. name = name;
}
public void setType(String type) {
    this. type = type;
}
public void setCollection(Collection collection) {
      this collection = collection;
      if(collection. size()>0)
          it = collection. iterator();
}
//重定义 doStartTag(),加入标签处理内容
public int doStartTag() throws JspException {
      try {
            //如果集合没有内容,不执行标签体
            if (it==null)
               return SKIP_BODY;
            pageContext. setAttribute(name,it. next());
            return EVAL_BODY_INCLUDE;
      }
      //异常处理
      catch(java. io. IOException e){
            throw new JspTagException(e. getMessage());
      }
}
//在 doStartTag 方法后调用此方法,如果返回值是"EVAL_BODY_AGAIN",
//则反复调用此方法,直到返回值是"SKIP_BODY",再调用 doEndTag 方法
public int doAfterBody() throws JspException {
    try {
          //从集合中取出数据放入到 pageContext 中
          if (it. hasNext())
              pageContext. setAttribute(name,it. next());
              //此返回值将反复调用此方法
```

```
                return EVAL_BODY_AGAIN;
            }
            //异常处理
            catch(java.io.IOException e){
                throw new JspTagException(e.getMessage());
            }
            return SKIP_BODY;
        }
        public int doEndTag() throws JspException {
        //从集合中取出数据放入到 pageContext 中
        if (bodyContent! =null) {
            try {
                bodyContent.writeOut(bodyContent.getEnclosingWriter());
            }
            //异常处理
            catch (java.io.IOException e){
                throw new JspTagException(e.getMessage());
            }
        }
        return EVAL_PAGE;
    }
}
```

该标签重定义了 doAfterBody()方法,这个方法会在 doStartTag()方法后执行,如果返回值是"EVAL_BODY_AGAIN",则反复执行直到返回"SKIP_BODY"。

步骤2:现在创建标签信息类 LoopMSG。

```
//标签信息类,扩展 TagExtraInfo 类。
文件:LoopMSG.java
import.javax.servlet.jsp.tagext.TagData;
import.javax.servlet.jsp.tagext.TagExtraInfo;
import.javax.servlet.jsp.tagext.VariableInfo;
public class LoopMSG extends TagExtraInfo {
    public VariableInfo [] getVariableInfo(TagData data) {
        return new VariableInfo[] {
            new VariableInfo(data.getAttributeString("name"),
                    data.getAttributeString("type"),
                    true, VariableInfo.NESTED) ;
        }
```

```
    }
}
```

VariableInfo 对象构造函数的参数有脚本变量名称、类型,以及是否为新的变量和变量的作用范围。在程序中定义的脚本变量是 name,类型是 type。变量的作用范围共有三种类型:

(1) NESTED:标签中的参数在标签的开始和结束之间有效。

(2) AT_BEGIN:标签中的参数在标签的开始到 JSP 页面的结束之间有效。

(3) AT_END:标签中的参数在标签的结束到 JSP 页面的结束之间有效。

对 MyTag3. java 和 LoopMSG. java 进行编译,将得到的 MyTag3. class 和 LoopMSG. class 文件复制到 Web 应用的 WEB-INF\classes 目录下。

步骤 3:编写标签描述文件。

打开 WEB-INF\tlds 下的标签描述文件 MyTagLib. tld,将标签处理类和标签信息类信息添加到标签描述文件中。

```
<!--定义标签-->
<tag>
  <!--指定标签名称-->
  <name>MyTag3</name>
  <!--指定标签实现的类名-->
  <tag-class>MyTag3</tag-class>
  <!--指定标签信息类的类名-->
  <tei-class>LoopMSG</tei-class>
  <!--指定标签体为页面-->
  <body-content>JSP</body-content>
  <!--定义标签属性-->
  <attribute>
   <!--指定标签属性名-->
   <name>name</name>
   <rtexprvalue>true</rtexprvalue>
  </attribute>
  <attribute>
   <name>collection</name>
   <rtexprvalue>true</rtexprvalue>
  </attribute>
  <attribute>
   <name>type</name>
   <rtexprvalue>true</rtexprvalue>
  </attribute>
</tag>
```

步骤4:配置 web. xml 文件。

由于所有例子使用同一个标签描述文件,在此不需要再次配置 web. xml 文件。

步骤5:在 JSP 文件中使用标签。

在 TestTag. jsp 文件中添加新标签的应用,添加后的文件内容如下:

```
<%@ page import="java.util.ArrayList" contentType="text/html;
charset=gb2312" %>
<%@ taglib uri="/WEB-INF/tlds/MyTagLib.tld" prefix="tg1" %>
<!DOCTYPE HTML PUBLIC "-//W3C//DTD HTML 4.01 Transitional//EN">
<html>
  <head>
    <title>测试自定义标签</title>
  </head>
  <body>
  <h1>的定义标签测试结果</h1>
  Date : <tg1:MyTag1 parameter="date" /><br>
  File : <tg1:MyTag1 parameter="filename" /></br>
  <h1>带属性标签体标签测试结果</h1>
  <!--显示标签体 Hello Word1-->
  <tg1:MyTag2 out="true">Hello Word1</tg1:MyTag2><br>
  <!--将不显示标签体 Hello Word2-->
  <tg1:MyTag2 out="false">Hello Word2</tg1:MyTag2></br>
  <h1>迭代标签测试结果</h1>
  <%
  //定义集合对象并添加内容
  ArrayList ary = new ArrayList();
  ary.add("香蕉");
  ary.add("苹果");
  ary.add("西瓜");
  ary.add("香梨");
  %>
  <tg1:MyTag3 name="col" type = "String" collection="<%=ary%>">
    ${col}
  </tg1:MyTag3>
 </body>
</html>
```

在浏览器地址栏中输入“http://localhost:8080/bookshop/chapter8/TestTag. jsp”,运行结果见图8-3。

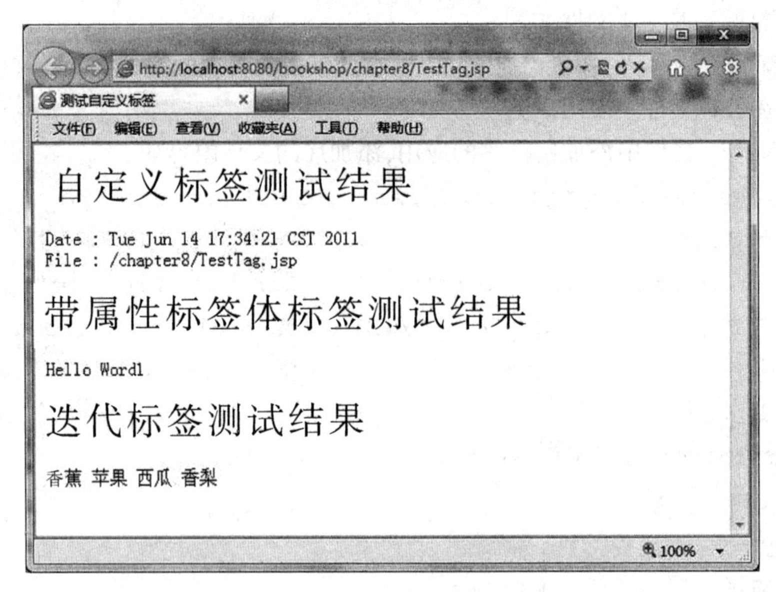

图 8-3 迭代标签的执行结果

本章小结

本章主要讲解了自定义标签的基本知识和创建标签的相关知识。通过对本章的学习，读者应该了解自定义标签的类型，掌握开发自定义标签的步骤，掌握创建带属性的标签、带标签体的标签和迭代的标签的方法。

本章习题

1. 自定义标签的类型有哪些?
2. 简述开发自定义标签的步骤。
3. 如何创建带属性的标签?
4. 如何创建带标签体的标签?
5. 如何创建迭代的标签?

第9章　MVC模式

本章导读

MVC架构由模型(Model)、视图(View)、控制器(Controller)三部分组成。事件(Event)导致控制器(Controller)改变模型(Model)或视图(View),或者同时改变两者。只要控制器(Controller)改变了模型(Model)的数据或者属性,所有依赖的视图(View)就会自动更新。。与之类似,只要控制器(Controller)改变了视图(View),视图(View)便会从潜在的模型(Model)中获取数据来刷新自己。

本章目标

· 了解MVC的基本知识

· 了解MVC下其他框架的应用

9.1　MVC的基本知识

9.1.1　MVC的工作示意图

MVC的工作示意图见图9-1。

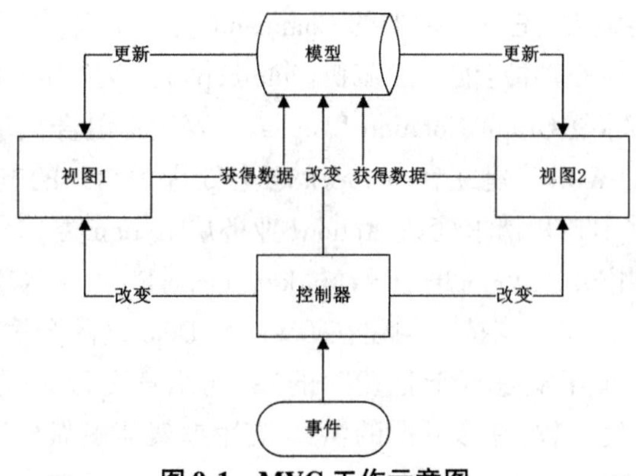

图9-1　MVC工作示意图

MVC 并不是 Java 所独有的概念,而是面向对象程序都应该遵守的设计理念。

在 J2EE 架构中,MVC 架构实现的对应关系是:视图(View)是指页面显示部分,通常是 JSP/Servlet 页面;控制器(Controller)通常用 Servlet 来实现,即页面显示的逻辑部分实现;模型(Model)通常用服务器端的 JavaBean 或者 EJB(Enterprise JavaBean)实现。

MVC 要求对应用分层,虽然需要增加额外的工作,但产品的结构清晰,产品的应用通过模型可以更好地体现。

首先,也是最重要的,MVC 有多个视图对应一个模型的能力。在目前用户需求快速变化的背景下,可能有用多种方式访问应用的要求。例如,订单模型可能有本系统的订单,也可能有网上的订单,或者其他系统的订单,但对于订单的处理都是一样的。按 MVC 设计模式,一个订单模型及多个视图即可解决问题,这样就减少了代码的复制,即减少了代码的维护量,一旦模型发生改变,也易于维护。

其次,模型返回的数据不带任何显示格式,因而这些模型也可被直接应用于接口的使用。

再次,由于一个应用被分离为三层,有时改变其中的一层就能满足应用的改变。一个应用的业务流程或者业务规则的改变只需改动 MVC 的模型层。控制层的概念也很有效,它把不同的模型和不同的视图组合在一起完成不同的请求,因此,控制层可以说是包含了用户请求权限的概念。

最后,MVC 还有利于软件的工程化管理。由于不同的层各司其职,每一层不同的应用具有某些相同的特征,有利于通过工程化、工具化产生管理程序代码。

显然 MVC 更适合大型 Web 应用系统的开发。如果是较小型的 Web 应用,就没有必要一定按照 MVC 模式进行开发了,如此反而增加了系统结构和实现的复杂性,降低了系统的效率。

9.1.2 常见的 MVC 框架

1. WebWork

WebWork 是由 OpenSymphony 组织开发的,是致力于组件化和代码重用的拉出式 MVC 模式 J2EE Web 框架。现在,WebWork 已经被拆分成 Xwork1 和 WebWork2 两个项目。Xwork1 简洁、灵活,功能强大,是一个标准的 Command 模式实现,并且完全从 Web 层脱离出来。Xwork1 提供了很多核心功能:前端拦截机(interceptor),运行时的表单属性验证,类型转换,强大的 OGNL(the Object Graph Notation Language,表达式语言),IoC(Inversion of Control,控制反转)容器等。WebWork2 建立在 Xwork1 之上处理 HTTP 的响应和请求。WebWork2 使用 ServletDispatcher 将 HTTP 请求变成 Action(业务层 Action 类)。WebWork2 支持多视图表示,视图部分可以使用 JSP、Velocity、FreeMarker、JasperReports、XML 等。在 WebWork2.2 后添加了对 AJAX 的支持,这一支持是构建在 DWR 与 Dojo 这两个框架的基础之上的。

Web 应用程序的设计开发是复杂且费时的,然而用户可以运用一种框架处理常见的 Web 应用程序来简化开发流程,许多开源的 Web 应用框架能够做到这一点。这些开发框架中较好的一个就是 WebWork,它是一个优秀的 Web 应用开发框架,具有以下几大优势:

(1)Action 无需与 Servlet API 耦合,更容易测试。

(2)Action 无需与 WebWork 耦合,代码重用率高。

(3)支持多种视图技术,如 JSP、Velocity、FreeMarker、JasperReports、XML 等。

2. Struts

Struts 是 Apache 基金会 Jakarta 项目组的一个开源项目。它采用 MVC 模式,能够很好地帮助 Java 开发者利用 J2EE 开发 Web 应用。

Struts2 是 Struts 的下一代产品。在 Struts 和 WebWork 的技术基础上进行合并的 Struts2 框架,其全新的 Struts2 的体系结构与 Struts 1 的体系结构差别巨大。Struts2 以 WebWork 为核心,采用拦截器的机制来处理用户的请求,这样的设计也使得业务逻辑控制器能够与 Servlet API 完全脱离开,因此,Struts2 可以被理解为是 WebWork 的更新产品。因为 Struts2 和 Struts 1 有着太大的变化,而相对于 WebWork,Struts2 只有很小的变化。Struts2 的框架结构见图 9-2。

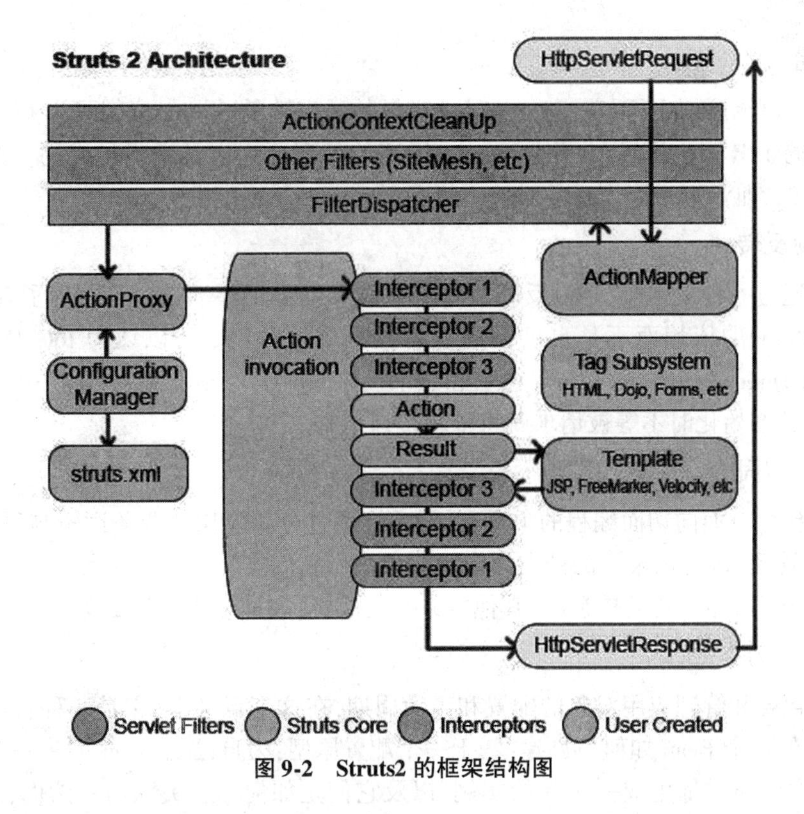

图 9-2 Struts2 的框架结构图

9.2 MVC下其他框架的应用

9.2.1 Spring

Spring是一个开源框架,它是为解决企业应用开发的复杂性而创建的。Spring使用基本的JavaBeans来完成以前只可能由EJB完成的事情。然而,Spring的用途不仅限于服务器端的开发,就简单性、可测试性和松耦合的角度而言,任何Java应用都可以从Spring中受益。

简单来说,Spring是一个轻量的控制反转和面向切面的容器框架。当然,这个描述有些过于简单,但它的确概括出了Spring是做什么的。为了更好地理解Spring,下面分析这个描述。

1. 轻量

就大小与开销两方面而言,Spring都是轻量的。完整的Spring框架可以在一个大小只有1 MB多的JAR文件里发布,并且Spring所需的处理开销也是微不足道的。此外,Spring是非侵入式的,即Spring应用中的对象不依赖于Spring的特定类。

2. 控制反转

Spring通过一种被称作"控制反转"(IoC)的技术促进了松耦合。当应用了IoC后,对象被动地传递它们的依赖而不是自己创建或者查找依赖对象。可以认为IoC与JNDI(Java Naming and Directory Interface,Java命名和目录接口)相反,不是对象从容器中查找依赖,而是容器在对象初始化时不等被请求就将依赖传递给它。

3. 面向切面

Spring包含对面向切面编程的丰富支持,允许通过分离应用的业务逻辑与系统服务(如审计与事务管理)进行内聚性的开发。应用对象只做它们应该做的——完成业务逻辑,仅此而已。它们并不负责(甚至是意识)其他的系统关注点,如日志或事务支持。

4. 容器

Spring包含和管理应用对象的配置和生命周期,在这个意义上,它是一种容器。用户可以配置自己的每个Bean如何被创建:基于一个配置原型,为自己的Bean创建一个单独的实例,或者每次需要时都生成一个新的实例,以及它们是如何相互关联的。然而,Spring不应该被混同于传统的重量的EJB容器,EJB容器经常是庞大与笨重的,难以使用。

5. 框架

Spring使由简单的组件配置和组合复杂的应用成为可能。在Spring中,应用对象被声明式地组合,典型的是在一个XML文件里。Spring也提供了很多基础功能(如事务管理、持久性框架集成等),将应用逻辑的开发留给了用户。

Spring的所有这些特征使用户能够编写更干净、更可管理且更易于测试的代码,它们也

为 Spring 中的各种子框架提供了基础。

Struts 是 Web 应用的框架,而 Spring 是一个粘合平台,它能把 Struts 和 Hibernate/ibatis 很好地组织在一起。

9.2.2　Hibernate

Hibernate 是一个开放源代码的对象关系映射框架,它对 JDBC 进行了非常轻量级的对象封装,使得 Java 程序员可以随心所欲地使用对象编程思维来操纵数据库。Hibernate 可以被应用在任何使用 JDBC 的场合,既可以在 Java 的客户端程序使用,也可以在 Servlet/JSP 的 Web 应用中使用。更准确地说,Hibernate 是实现 MVC 模式的模型(Model)处的数据持久层。

本章小结

本章主要讲解了 MVC 的基本知识、MVC 下其他框架的应用。通过对本章的学习,读者可以理解 MVC 的工作示意图,了解常见的 MVC 框架,以及 Spring 和 Hibernate 等框架。

本章习题

1. 简述 MVC 模式。
2. 常见的 MVC 框架有哪些?
3. 如何理解 Spring 框架?

第10章 Struts应用

本章导读

和其他的Java框架一样，Struts也是面向对象设计，将MVC模式“分离显示逻辑和业务逻辑”的能力发挥得淋漓尽致。Struts由一组相互协作的类（组件）、Servlet及标志库组成。基于Struts框架的Web应用程序基本上符合JSP Model2的设计标准。Structs框架的核心是一个弹性Struts的控制层，包括核心控制层和业务逻辑控制层。

本章目标

· 了解Struts与Struts2的基本知识
· 掌握表单数据处理和文件上传
· 了解Struts2程序的国际化和Struts2的标签使用

10.1 Struts与Struts2的基本知识

10.1.1 Struts的优、缺点

作为MVC的Web框架，Struts自推出以来不断受到开发者的追捧，得到了广泛的应用。作为最成功的Web框架，Struts自然拥有众多的优点：

(1) MVC模型的使用。

(2) 功能齐全的标志库(Tag Library)。

(3) 开放源代码。

但是，所谓“金无足赤，人无完人”，Struts自身也有不少的缺点：

(1) 支持视图技术单一。

(2) 难于测试。

(3) 庞大的配置文件和大量的ActionForm类。

这些缺点随着Web的发展越来越明显，从而促进了Struts2的诞生，它的诞生能很好地

解决上述问题。

Struts2 框架技术整合了 Struts 和 WebWork 的优点,其最大的特点就是简单性。它引入了 OGNL 表达式和值栈的概念,可以使开发者使用简单的代码实现复杂的数据访问;Action 实现类就是一个标准的 Java 类(POJO),这使得测试工作变得简单。同时,Struts2 框架取消了 ActionForm,支持多种返回类型和 Ajax 技术,简化了同其他技术的整合。

10.1.2 Struts2 的下载

Apache 官方站点提供了 Struts2 的所有版本及相关资料,用户可登录网址 http://struts.apache.org/下载(见图 10-1),最新版本列在页面的首条。

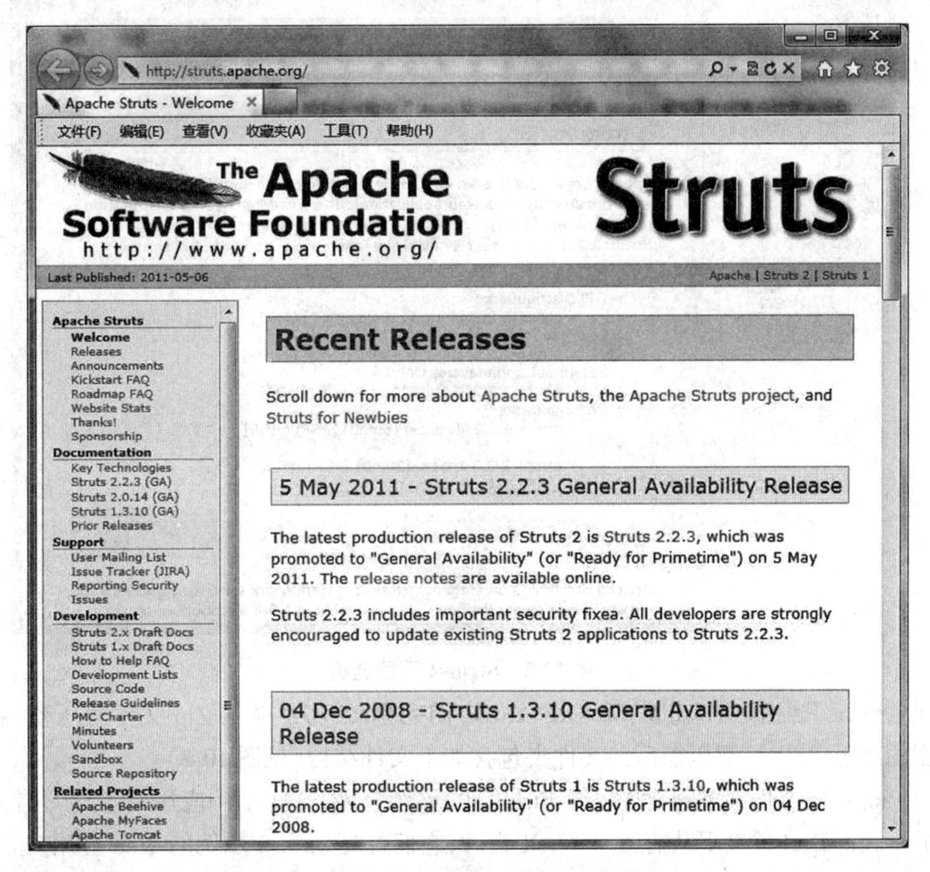

图 10-1 Struts2 下载地址

在此以下载 Struts2.2.3 General Availability 为例。在 Struts2.2.3 下有如下几个选项(见图 10-2):

(1)Full Distribution:下载 Struts2 的完整版。通常建议下载该选项。

(2)Example Applications:下载 Struts2 的示例应用,这些示例应用对于学习 Struts2 有很大的帮助。下载 Struts2 的完整版时已经包含了该选项下的全部应用。

(3)Essential Dependencies Only:仅仅下载 Struts2 的核心库。下载 Struts2 的完整版时将包括该选项下的全部内容。

(4)Documentation:仅仅下载 Struts2 的相关文档,包含 Struts2 的使用文档、参考手册和 API 文档等。下载 Struts2 的完整版时将包括该选项下的全部内容。

(5)Source:下载 Struts2 的全部源代码。下载 Struts2 的完整版时将包括该选项下的全部内容。

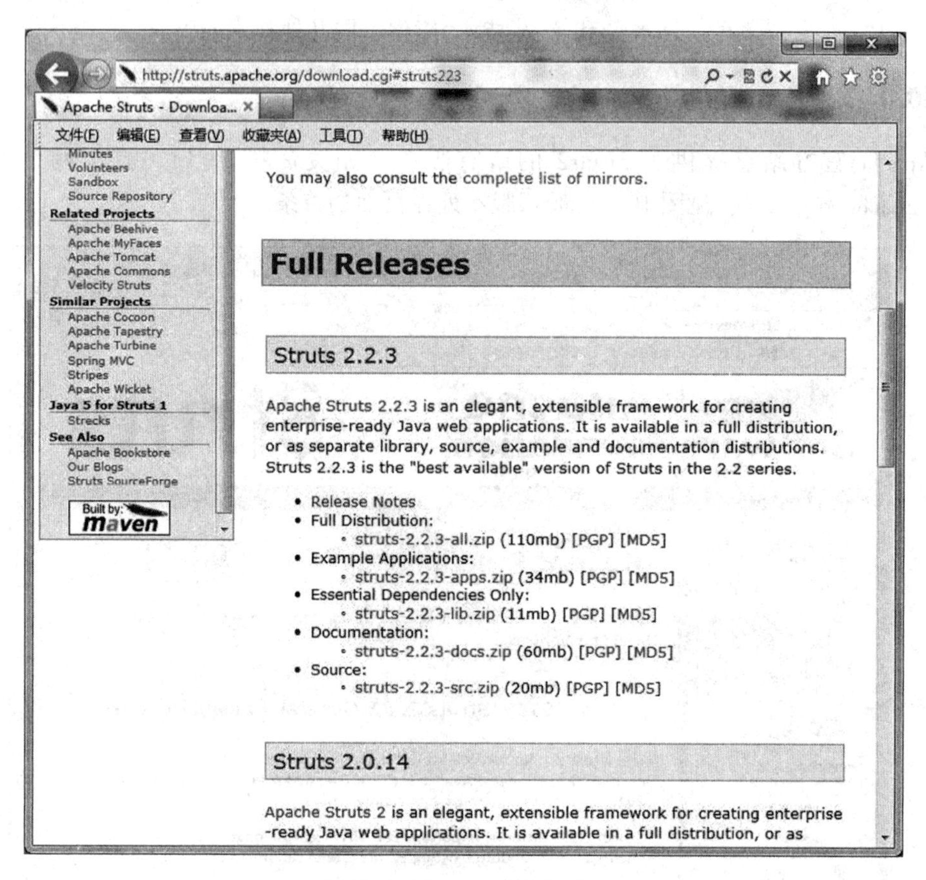

图 10-2 Struts2 下载选项

通常建议下载第一个选项,即下载 Struts2 的完整版,将下载的 Zip 文件解压缩,就是一个典型的 Web 结构。解压缩后的文件夹包含如下文件结构(见图 10-3):

(1)apps:该文件夹下包含了基于 Struts2 的示例应用,这些示例应用对于学习者是非常有用的资料。该文件夹下共有五个 WAR 文件,它们都是 Struts2 示例的 Web 应用。

(2)docs:该文件夹下包含了 Struts2 的相关文档,有 Struts2 的快速入门、Struts2 的文档及 API 文档等内容。

(3)lib:该文件夹下包含了 Struts2 框架的核心类库及 Struts2 的第三方插件类库。

(4)src:该文件夹下包含了 Struts2 框架的全部源代码。

图 10-3 Struts2 文件结构

10.1.3 Struts2 使用入门

在 Struts2 中,大量使用拦截器来处理用户的请求,从而允许用户的业务逻辑控制器与 Servlet API 分离。Struts2 框架的大概处理流程如下:

(1)加载类(核心控制器 Struts Prepare And Execute Filter)。

(2)读取配置(Struts 配置文件中的 Action)。

(3)派发请求(客户端发送请求)。

(4)调用 Action(核心控制器从 Struts 配置文件中读取与之相对应的 Action)。

(5)启用拦截器(WebWork 拦截器链自动对请求应用通用功能,如验证)。

(6)处理业务(回调 Action 的 execute 方法)。

(7)返回响应(通过 execute 方法将信息返回到核心控制器)。

(8)查找响应(核心控制器根据配置查找响应的是什么信息,如 SUCCESS、ERROR,将跳转到哪个 JSP 页面)。

(9)响应用户(JSP→客户浏览器端显示)。

为在 Web 应用中应用 Struts2 框架,需要准备的工作如下:

(1)将 Struts2 核心类库加入到 Web 应用系统,并在 web. xml 中配置核心控制器 Struts Prepare And Execute Filter。

(2)在 Web 应用系统中创建 struts. xml 文件,所有 Action 将配置在此文件中。

下面将结合用户登录的实例介绍 Struts2 框架的应用。本例实现的需求是:用户登录失败提供出错信息,继续接入用户登录输入;用户登录成功后打开欢迎页面。

【例 10-1】应用 Struts2 实现用户登录。

步骤 1:Struts2 核心类库的导入和配置。

为使 Web 应用程序应用 Struts2 框架,需要先将部分 JAR 文件复制到 Web 应用的 WEB-INF\lib 目录下,这些核心文件有 commons-logging-1. 1. 1. jar、freemarker-2. 3. 16. jar、ognl-3. 0. 1. jar、Struts2-core-2. 2. 3. jar、xwork-core-2. 2. 3. jar。如果在 Web 应用程序中需要使用文件上载等功能,不需要复制其他 JAR 文件,如 commons-fileupload-1. 2. 1. jar。本例引入的 Struts2 文件见图 10-4。

图 10-4　Struts2 类库

配置 web. xml 文件,让 Web 应用程序加载 Struts2 核心控制器,让 Struts2 拦截 Web 应用请求。与 Struts 使用 Servlet 不同的是,Struts2 的入口点是一个过滤器(Filter),因此,Struts2 要按过滤器的方式配置。下面是在 web. xml 中配置 Struts2 的代码:

文件:web. xml

```
<? xml version="1.0" encoding="UTF-8"? >
<web-app version="2.5" xmlns="http://java. sun. com/xml/ns/javaee"
 xmlns:xsi="http://www. w3. org/2001/XMLSchema-instance"
xsi:schemaLocation="http://java. sun. com/xml/ns/javaee
http://java. sun. com/xml/ns/javaee/web-app_2_5. xsd">
        <!--配置起点 -->
        <filter>
                <filter-name>Struts2</filter-name>
                        <filter-class>
                        org. apache. Struts2. dispatcher. ng. filter
                        . StrutsPrepareAndExecuteFilter
                      </filter-class>
        </filter>
```

```
    <filter-mapping>
            <filter-name>Struts2</filter-name>
            <url-pattern>/* </url-pattern>
    </filter-mapping>
    <welcome-file-list>
    <!--配置结束点 -->
          <welcome-file>index.jsp</welcome-file>
    </welcome-file-list>
</web-app>
```

步骤2:编写用户登录输入页面(JSP页面)和欢迎页面。

文件:Login.jsp

```
<%@ page contentType="text/html; charset=UTF-8" %>
<%@ taglib prefix="s" uri="/struts-tags" %> <!--引入标志库-->
<html>
<head>
   <title>用户登录</title>
</head>
<body>
   <!--显示登录操作信息-->
   <s:label name="message"></s:label>
   <!--登录输入表单,namespace指定Action所在位置-->
   <s:form action="Login" namespace="/chp10">
          <s:textfield name="username" label="用户名" size="30" />
          <s:password name="password" label="密  码" size="31"/>
      <s:submit value="登录"/>
   </s:form>
</body>
</html>
```

本页面很简单,仅提供用户登录的输入界面,要求用户提供登录名和对应的密码。本页面引入了Struts2标志库,用户登录表单和信息显示都使用了Struts2的标志。

文件:Welcome.jsp

```
<%@ page contentType="text/html; charset=UTF-8" %>
<%@ taglib prefix="s" uri="/struts-tags" %>
<html>
<head>
   <title>欢迎</title>
</head>
```

```
<body>
    <s:label>您已登录成功,欢迎您! </s:label>>
  </body>
</html>
```

步骤3:编写 Action 类。

本部分对客户端的请求进行处理,验证用户输入数据的有效性及用户的合法性,根据有效性和合法性结果作出相应的反应。

文件:Login. java

```
package chp10;
import chp10. db;//引入数据库操作类
import com. opensymphony. xwork2. ActionSupport;
public class Login extends ActionSupport {
    public String execute() throws Exception {
            if (isInvalid(getUsername())) {
            this. message = "用户名不能为空";
            return INPUT;
    }
            if (isInvalid(getPassword())) {
            this. message = "登录密码不能为空";
            return INPUT;
          }
            if (! checkUser()) {
            this. message ="用户不存在";
            return INPUT;
            }
            return SUCCESS;
    }
    private boolean isInvalid(String value) {
            return (value == null ||value. length() = = 0);
    }
    private String username;
    public String getUsername() {
            return username;
    }
    public void setUsername(String username) {
            this. username = username;
    }
```

```
    private String password;
    public String getPassword() {
        return password;
    }
    public void setPassword(String password) {
        this.password = password;
    }
    private String message;
    public String getMessage() {
    return message;
    }
    public void setMessage(String message) {
    this.message = message;
    }
    @ SuppressWarnings("finally")
    public boolean checkUser(){
       boolean boUser=false;
       db db1 = new db();
       try {
            //构建 SQL 查询语句
            String sSql="select *  from userinfo where username='"
+username+"'";
            System.out.println(sSql);
            //调用数据库操作库的 executeQuery()方法
            if((db1.executeQuery(sSql)).next()){
                //查询出来的记录集不为空
                boUser=true;
            }
            else{
                boUser=false;
            }
    }
    catch(Exception ex) {
         //出错处理
         System.err.println("checkuser: " + ex.getMessage());
    }
    finally {
```

```
            //返回值
            return boUser;
        }
    }
}
```

Action 类是对 Web 应用请求的处理逻辑,它必须继承 com. opensymphony. xwork2 . ActionSupport 类。这个 Action 类的一个特征就是要覆盖 execute 方法,这个方法没有参数,执行结束后将返回一个 String 类型的字串,用于表述执行结果(即一个标志)。

另外,在本 Action 中使用了自定义的数据库操作类 db 来进行数据连接和数据操作,这个类的实现代码如下,用户可以根据项目需要进一步补充和完善此类。

文件:db. java

```
package chp10;
import java. sql. * ;
import java. lang. * ;
public class db {
    //成员变量初始化
    Connection cn =null; //数据库连接
    Statement stmt =null;//语句对象
    ResultSet rs =null; //记录集

    String MySQLURL = "jdbc:mysql://127. 0. 0. 1:3306/bookshop";
    //db 的构建器
    public db() {
            try {
                //注册数据库驱动程序为 MySQL 驱动
                Class. forName("com. mysql. jdbc. Driver");
                //建立与数据库的连接
                    Connection cn = DriverManager. getConnection
(MySQLURL , "root" , "123");
                //创建语句对象
                stmt = cn. createStatement();
                System. out. println("success");
            }
            catch(Exception e) {
                System. out. println("错误"+e. getMessage());
            }
    }
```

```
        //executeQuery()方法用于进行记录的查询操作
        //入口参数为 SQL 语句,返回 ResultSet 对象
        public ResultSet executeQuery(String sql) {
                rs = null;
                try {
                        //执行数据库查询操作
                        rs = stmt.executeQuery(sql);
                }
                catch(SQLException ex) {
                                System.err.println (" db.executeQuery: " +
ex.getMessage());
                }
                return rs;
        }
        //executeUpdate()方法用于进行 add 或者 update 记录的操作
        //入口参数为 SQL 语句,成功返回"true",否则为"false"
        public boolean executeUpdate(String sql) {
            boolean bupdate=false;
            rs = null;
            try {
                //建立数据库连接,其他参数说明同上面的一样
                int rowCount = stmt.executeUpdate(sql);
                //如果不成功,bupdate 就会返回"0"
                if(rowCount! =0)bupdate=true;
            }
            catch(SQLException ex) {
                //打印出错信息
                                System.out.println (" db.executeUpdate:" +
ex.getMessage());
            }
            return bupdate;
        }
        //toChinese()方法用于将一个字符串进行中文处理
        //否则将会是"???"这样的字符串
        public static String toChinese(String strvalue) {
            try{
                if(strvalue==null)
```

```
                {
                    return null;
                }
                else {
                    strvalue = new String(strvalue.getBytes("ISO8859_
1"), "GBK");
                    return strvalue;
                }
            }
            catch(Exception e){
                return null;
            }
        }
    }
```

步骤4:配置 Action 类。

Struts2 的配置文件一般为 struts. xml,放在 WEB－INF \ classes 目录下。下面是在 struts. xml 中配置动作类的代码:

```
    <? xml version="1.0" encoding="UTF-8" ? >
    <! DOCTYPE struts PUBLIC
            "-//Apache Software Foundation//DTD Struts Configuration 2.0//
EN"
            "http://struts.apache.org/dtds/struts-2.0.dtd">
    <struts>
        <package name="chp10" namespace="/chp10" extends="struts-
default">
            <action name="Login" class="chp10.Login">
                < result name = " input " >/chapter10/Login.jsp </
result>
                <result>/chapter10/Welcome.jsp</result>
            </action>
            <!-- Add actions here -->
        </package>
    </struts>
```

在<struts>标签中可以有多个<package>,第一个<package>可以指定一个 Servlet 访问路径(不包括动作名),如“/chp10”。extends 属性继承一个默认的配置文件 struts-default,一般都继承于它,可以先不去管它。<action>标签中的 name 属性表示动作名,class 属性表示动作类名。

<result>标签的 name 实际上是 execute 方法返回的字符串,如果返回的是“input”,就跳

转到 Login. jsp 页面,如果返回的是“success”,就跳转到 Welcome. jsp 页面。在<struts>中可以有多个<package>,在<package>中可以有多个<action>。可以用 http://localhost:8080/bookshop/chp10/Login. action 来访问这个动作(Struts2 是以 . action 结尾的)。

将两个 JSP 文件部署到 tomcat 的 webapps\chapter10 目录下,将类文件部署到 classes 目录下,在浏览器地址栏中输入“http://localhost:8080/bookshop/chp10/Login. action”,运行结果见图 10-5。

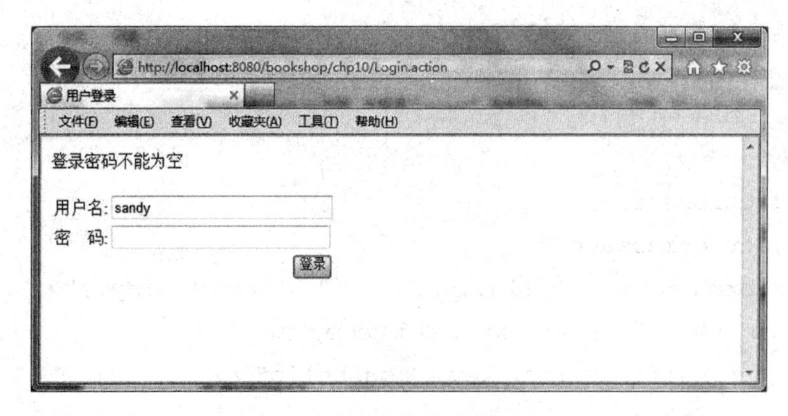

图 10-5 输入数据有效性验证

10.2 表单数据处理

Web 应用程序其实很简单,无非是数据输入、业务处理和结果输出。因此,对数据的输入即表单数据处理就显得非常重要。表单数据处理即验证输入数据的有效性、完整性。

10.2.1 使用 validate 方法验证数据

在 Struts2 中验证数据最简单的方法是使用 validate。Struts2 在调用 execute 方法之前首先会调用这个方法。可以在 validate 方法中验证表单数据,如果发生错误,可以根据错误的层次选择是字段级错误还是动作级错误,并且可使用 addFieldError 或 addActionError 加入相应的错误信息。如果存在 Action 或 Field 错误,Struts2 会返回“input”(这个不用开发人员写,由 Struts2 自动返回),Struts2 就不会再调用 execute 方法了;如果不存在错误信息,Struts2 在最后会调用 execute 方法。

这两个 add 方法都需要在页面端有相应的 ActionMessage 对象,在页面端的 Struts2 标志分别是<s:actionerror>和<s:fielderror>。另外,还可以使用 addActionMessage 方法加入成功提交后的信息,对应的 Struts2 标志是<s:actionmessage>,当提交成功后,可以显示这些信息。

【例 10-2】使用 validate 方法验证数据。

下面实现一个简单的验证程序,来体验一个 validate 方法的使用。

步骤 1:在 Web 应用的 chapter10 目录下建立一个页面 validate. jsp。

文件:validate. jsp

```
<% @ page language = "java" import = "java. util. * " pageEncoding = "
GBK"% >
<% @ taglib prefix="s" uri="/struts-tags" % >
<html>
  <head>
    <title>验证数据</title>
  </head>

  <body>
    <s:actionerror/>
    <s:actionmessage/>
    <s:form action="validate. action"  theme="simple">
            输入内容:<s:textfield name="msg"/>
            <s:fielderror key="msg. hello" />
            <br/>
            <s:submit/>
    </s:form>
  </body>
</html>
```

在上面的代码中使用了 Struts2 标志<s:actionerror>、<s:fielderror>和<s:actionmessage>,分别用来显示动作错误信息、字段错误信息和动作信息。如果信息为空,则不显示。

步骤 2:实现一个动作类 ValidateAction。

文件:ValidateAction. java

```
package chp10;
import com. opensymphony. xwork2. ActionSupport;
public class ValidateAction extends ActionSupport
{
      private String msg;
      public String execute()
      {
          return SUCCESS;
      }
      public void validate()
      {
          if(! msg. equalsIgnoreCase("hello"))
          {
```

```
            this.addFieldError("msg.hello", "必须输入 hello!");
            this.addActionError("处理动作失败!");
        }
        else
        {
            this.addActionMessage("提交成功");
        }
    }
    public String getMsg()
    {
        return msg;
    }
    public void setMsg(String msg)
    {
        this.msg = msg;
    }
}
```

从上面的代码可以看出,Field 错误需要一个 key(一般用来表示是哪一个属性出的错误),而 Action 错误和 Action 消息只要提供一个信息字符串就可以了。

步骤 3:配置 Action 类。

在 struts.xml 中配置该动作类,以响应页面请求。

```
<package name = " chp10 " namespace =" /chp10 " extends = " struts -
default">
    <action name="Validate" class="chp10.ValidateAction">
        <result name="success">/chapter10/Validate.jsp</result>
        <result name="input">/chapter10/V alidate.jsp</result>
    </action>
</package>
```

将 JSP 文件部署到 tomcat 的 webapps\chapter10 目录下,将类文件部署到 classes 目录下,在浏览器地址栏中输入"http://hx001:8080/bookshop/chp10/Validate.action ",运行结果见图 10-6。

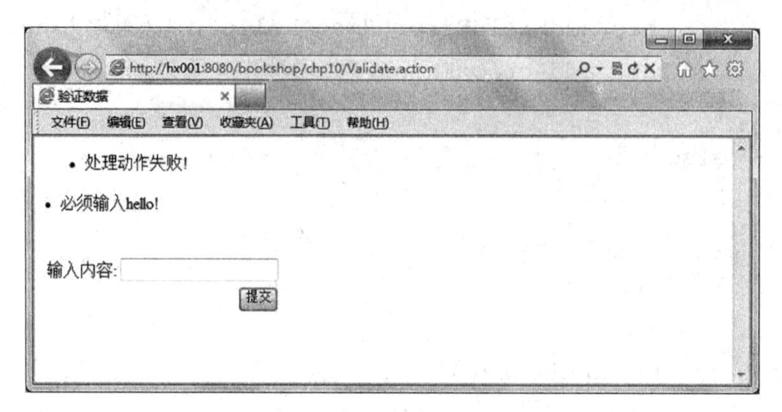

图 10-6　使用 validate 方法验证

10.2.2　使用 Struts2 框架验证数据

除了使用 validate 方法验证客户端提交的数据外，Struts2 还提供了一个 Validation 框架。这个框架通过 XML 文件进行配置，提高了表单数据验证的效率。

【例 10-3】通过 Struts2 验证框架验证用户登录信息。

本例将改写 10.1.3 节的例 10-1，通过 Struts2 验证框架验证用户登录输入的用户名和密码的有效性，具体实现过程如下：

步骤 1：准备 JSP 文件。

将例 10-1 中的 Login.jsp 文件另存为 Validate_Login.jsp，将<s:form action="Login" namespace="/chp10">修改为<s:form action="Validate_Login" namespace="/chp10">，修改后文件内容如下：

文件：Validate_Login.jsp

```
<%@ page contentType="text/html; charset=UTF-8" %>
<%@ taglib prefix="s" uri="/struts-tags" %>
<html>
<head>
     <title>用户登录</title>
</head>
<body>
     <s:label name="message"></s:label>
     <s:form action="Validate_Login" namespace="/chp10">
          <s:textfield name="username" label="用户名" size="30" />
          <s:password name="password" label="密　码" size="31"/>
          <s:submit value="登录"/>
     </s:form>
</body>
</html>
```

用户通过 Validate_Login. jsp 提交登录信息后,启动 Struts2 验证。如果用户是合法用户,将显示 Welcome. jsp 页面。

步骤 2:修改动作类。

将 Login. java 另存为 Validate_Login. java,删除其中的数据验证部分。修改后的文件内容如下:

文件名:Validate_Login. java

```
package chp10;
import chp10. db;//引入数据库操作类
import com. opensymphony. xwork2. ActionSupport;
public class Validate_Login extends ActionSupport {
    public String execute() throws Exception {
        if(! checkUser()) {
            this. message ="用户不存在";
            return INPUT;
            }
            return SUCCESS;
    }
    private String username;
    public String getUsername() {
            return username;
    }
    public void setUsername(String username) {
            this. username = username;
    }
    private String password;
    public String getPassword() {
            return password;
    }
    public void setPassword(String password) {
            this. password = password;
    }
    private String message;
    public String getMessage() {
            return message;
    }
    public void setMessage(String message) {
            this. message = message;
```

```
        }
        @ SuppressWarnings("finally")
        public boolean checkUser(){
                boolean boUser=false;
                db db1 = new db();
                try {
                //构建 SQL 查询语句
                String sSql="select *  from userinfo where username='"+
username+"'";
                System.out.println(sSql);
                //调用父类的 executeQuery()方法
                if((db1.executeQuery(sSql)).next()){
                    //查询出来的记录集不为空
                    boUser=true;
                }
                else{
                    boUser=false;
                }
                }
                catch(Exception ex) {
                //出错处理
                System.err.println("checkuser: " + ex.getMessage());
                }
                finally {
                //返回值
                return boUser;
                }
            }
    }
```

步骤3:配置 Action 类。

在 Struts2 的配置文件 struts.xml 中添加以下配置信息。

```
        <package name="chp10" namespace="/chp10" extends="struts-de-
fault">
            <action name="Validate_Login" class="chp10.Validate_
Login">
                <result name="input">/chapter10/Validate_Login.jsp</
result>
```

```
        <result>/chapter10/Welcome.jsp</result>
    </action>
</package>
```

步骤4:编写验证规则配置文件。

这是一个基于XML的配置文件,一般放在与要验证的.class文件相同的目录下,而且配置文件名要使用如下两个规则中的一个来命名:

- <ActionClassName>-validation.xml
- <ActionClassName>-<ActionAliasName>-validation.xml

其中,<ActionAliasName>就是struts.xml中的<action>的name属性值。在本例中使用第一种命名规则,所以文件名是Validate_Login-validation.xml。文件的内容如下:

文件:Validate_Login-validation.xml

```
<?xml version="1.0" encoding="UTF-8"?>
<!DOCTYPE validators PUBLIC "-//OpenSymphony Group//XWork Validator 1.0.2//EN"
"http://www.opensymphony.com/xwork/xwork-validator-1.0.2.dtd">
<validators>
    <field name="username">
        <field-validator type="requiredstring">
            <message>用户名不能为空</message>
        </field-validator>
        <field-validator type="stringlength">
            <param name="minLength">5</param>
            <param name="maxLength">20</param>
            <message>请输入有效用户名(长度为5-20个字符)</message>
        </field-validator>
    </field>
    <field name="password">
        <field-validator type="requiredstring">
          <message>密码不能为空</message>
        </field-validator>
        <field-validator type="stringlength">
          <param name="minLength">3</param>
          <param name="maxLength">20</param>
          <message>请输入有效密码(长度为3-20个字符)</message>
        </field-validator>
    </field>
</validators>
```

这个文件使用了两个规则：requiredstring（必须输入）和 stringlength（字符长度）。这里需要注意两点：

（1）进行长度验证时需要先进行必填项验证。

（2）字符串长度验证的参数名大小写敏感，如 minLength 和 maxLength。

另外，Struts2 的验证规则大致还有以下数种：

· required：必填校验器。

· requiredstring：必填字符串校验器。

· int：整数校验器。

· double：双精度浮点数校验器。

· date：日期校验器。

· expression：表达式校验器。

· fieldexpression：字段表达式校验器。

· email：电子邮件校验器。

· url：网址校验器。

· visitor：Visitor 校验器。

· conversion：转换校验器。

· stringlength：字符串长度校验器。

· regex：正则表达式校验器。

将 JSP 文件部署到 tomcat 的 webapps\chapter10 目录下，将类文件部署到 classes 目录下，在浏览器地址栏中输入“http://hx001:8080/bookshop/chp10/Validate_Login.action”，运行结果见图 10-7。

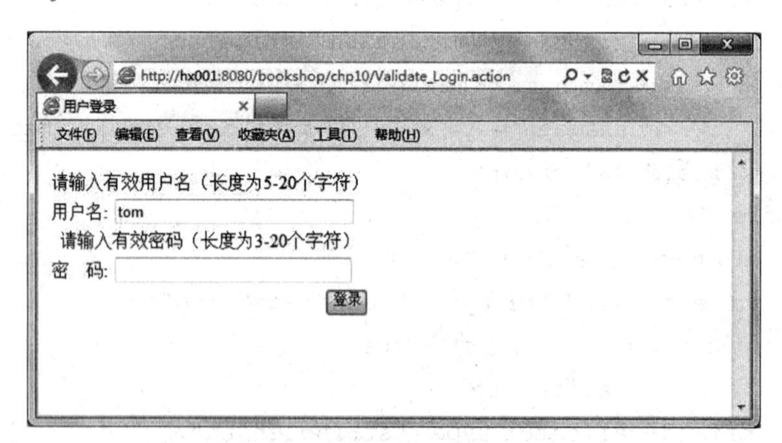

图 10-7 使用 Struts2 框架验证用户登录信息

10.2.3 处理一个 form 多个 submit（＊）

在很多 Web 应用中，为了完成不同的工作，一个 HTML form 标签中可能有两个或多个 submit 按钮，如下面的代码所示：

```
<form action=""method="post">
```

```
… …
<input type="submit" value="保存" />
<input type="submit" value="打印" />
</form>
```

由于在<form>中的多个提交按钮都向一个 Action 提交,Action 的 execute 方法无法判断用户单击了哪一个提交按钮,因此,Struts2 提供了一种解决方法,使得无需配置就可以在同一个 Action 类中执行不同的方法(默认执行的是 execute 方法)。为此,需要给每个 submit 按钮指定 method 属性及属性值，属性值为需要在 Action 中实现的方法名。

【例 10-4】处理一个 form 多个 submit。

步骤 1:准备 JSP 文件。

文件:More_Submit. jsp

```
<%@ page contentType="text/html; charset=UTF-8" %>
<%@ taglib prefix="s" uri="/struts-tags" %>
<html>
  <head>
    <title>多个 submit</title>
  </head>
  <body>
    <s:label name ="message" />
    <s:form action="moresubmit" namespace="/chp10" method="post">
            <s:textarea name="msg" label="输入内容" rows="4" />
            <s:submit name="save" method="save" value="保存"></s:
submit>
            <s:submit name="print" method="print" value="打印"></
s:submit>
    </s:form>
  </body>
</html>
```

在 More_Submit. jsp 中有两个 submit——保存和打印,对每个 submit 分别通过 method 属性指定了要调用的方法——save 和 print。因此,在 Action 类中必须要有 save 和 print 方法。

步骤 2:编写处理类 Action。

文件:More_Submit. java

```
package chp10;
import com.opensymphony.xwork2.ActionSupport;
public class More_Submit extends ActionSupport
{
    private String msg;
```

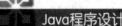

```
    public String getMsg() {
        return msg;
    }
    public void setMsg(String msg) {
        this.msg = msg;
    }
    private String message;
    public String getMessage() {
        return message;
    }
    public void setMessage(String message) {
    this.message = message;
    }
    //处理 save submit 按钮的动作
    public String save() throws Exception
    {
        this.message = "成功保存[" + msg + "]";
        return "save";
    }
    //处理 print submit 按钮的动作
    public String print() throws Exception
    {
        this.message = "成功打印[" + msg + "]";
        return "print";
    }
}
```

代码中需要有 save 和 print 方法存在,否则会抛出 java. lang. NoSuchMethodException 异常。

步骤 3:配置动作类 Action。

在 Struts. xml 中流加动作类 Action 的配置信息,具体如下:

```
<action name="moresubmit" class="chp10.More_Submit">
    <result name="save">/chapter10/More_Submit.jsp</result>
    <result name="print">/chapter10/More_Submit.jsp</result>
    </action>
```

将 JSP 文件部署到 tomcat 的 webapps\chapter10 目录下,将类文件部署到 classes 目录下,在浏览器地址栏中输入"http://localhost:8080/bookshop/chapter10/More_Submit. jsp",即可看到相应的运行结果。

10.2.4 取得 Servlet API 对象

Struts2 Action 动作的 execute 方法无法访问诸如 request、response、session 等对象，那么如何在 Struts2 Action 中访问这些对象呢？本节提供三种方式以供参考。

1. 使用 Struts2 Aware 拦截器

这种方法需要 Action 类实现相应的拦截器接口。例如，要获得 HttpServletResponse 对象，需要实现 org. apache. Struts2. interceptor. ServletResponseAware 接口，代码如下：

```
package chp10;
import com. opensymphony. xwork2. ActionSupport;
import javax. servlet. http. * ;
import org. apache. Struts2. interceptor. * ;
public class MyAction extends ActionSupport implements ServletRe-
sponseAware
{
    private javax. servlet. http. HttpServletResponse response;
    //获得 HttpServletResponse 对象
    public void setServletResponse(HttpServletResponse response)
    {
        this. response = response;
    }
    public String execute() throws Exception
    {
        response. getWriter( ). write( "实现 ServletResponseAware 接
口");
    }
}
```

在上面的代码中，MyAction 实现了一个 ServletResponseAware 接口，并且实现了 setServletResponse 方法。如果一个动作类实现了 ServletResponseAware 接口，Struts2 在调用 execute 方法之前，就会先调用 setServletResponse 方法，并将 response 参数传入这个方法。如果想获得 HttpServletRequest、HttpSession 和 Cookie 等对象，动作类可以分别实现 ServletRequestAware、SessionAware 和 CookiesAware 等接口。这些接口都在 org. apache. Struts2. interceptor 包中。

2. 使用 ActionContext 类

这种方法比较简单，可以通过 org. apache. Struts2. ActionContext 类的 get 方法获得相应的对象。代码如下：

```
HttpServletResponse response =
```

```
( HttpServletResponse) ActionContext.getContext ( ) .get
(org.apache.Struts2.StrutsStatics.HTTP_RESPONSE);
HttpServletRequest request =
( HttpServletRequest) ActionContext.getContext ( ) .get
(org.apache.Struts2.StrutsStatics.HTTP_REQUEST);
```

3. 使用 ServletActionContext 类

Struts2 提供了一种最简单的方法获得 HttpServletResponse 及其他对象。这就是 org.apache.Struts2.ServletActionContext 类。可以直接使用 ServletActionContext 类的 getRequest、getResponse 方法来获得 HttpServletRequest、HttpServletResponse 对象。代码如下：

```
HttpServletResponse response = ServletActionContext.getResponse()
response.getWriter().write("hello world");
```

从这几种方法来看，最后一种是最简单的，实际使用时可以根据自己的需要和要求来选择使用哪一种方法来获得这些对象。

10.3 文件上传

上传文件是很多 Web 程序都具有的功能。在 Struts2 中提供了一个容易操作的上传文件组件，这个上传文件组件是一个拦截器(这个拦截器不用配置，是自动装载的)。

10.3.1 上传单个文件

要用 Struts2 上传单个文件非常容易实现，只要使用普通的 Action 即可。但为了获得一些上传文件的信息，如上传文件名、上传文件内容类型及上传文件的 Stream 对象，就需要按照一定规则为 Action 类添加一些 getter 和 setter 方法。

在 Struts2 中，用于获得和设置 java.io.File 对象(Struts2 将文件上传到临时路径，并使用 java.io.File 打开这个临时路径中的文件)的方法是 getUpload 和 setUpload；用于获得和设置文件名的方法是 getUploadFileName 和 setUploadFileName；用于获得和设置上传文件内容类型的方法是 getUploadContentType 和 setUploadContentType。

【例 10-5】上传单个文件。

步骤 1：上传文件的 JSP 页面，文件上传后显示文件的相关信息。

文件：UploadOneFile.jsp

```
<%@ page language="java" import="java.util.*" pageEncoding="
gb2312"%>
<%@ taglib prefix="s" uri="/struts-tags"%>
<html>
    <head>
```

```
        <title>上传单个文件</title>
    </head>
    <body>
        <s:actionerror/><br/>
        <s:form action="upload" namespace="/chp10"
                enctype="multipart/form-data" method="post">
                <s:file name="upload" label="要上传的文件" size="50"
/>
                <s:submit value="上传" />
        </s:form>
        <!-- 显示文件相关信息-->
        <s:label name="fileinfo"></s:label>
    </body>
</html>
```

要实现文件的上传,则表单的 method 属性必须被设置成 post 提交方式;表单的 enctype 属性必须被设置成 multipart/form-data。一旦设置了表单的 enctype="multipart/form-data"(即,<form action="" method="post" enctype="multipart/form-data">)属性,就无法通过 HttpServletRequest 对象的 getParameter 方法获取请求参数值,也就是说,除了文件域以外,其他的普通表单域如文本框、单选框、复选框、文本域等则取不到。

步骤 2:实现文件上传的动作类。

文件:UploadOneFile. java

```
package chp10;
import java. io. * ;
import org. apache. Struts2. ServletActionContext;
import com. opensymphony. xwork2. ActionSupport;
public class UploadOneFile extends ActionSupport
{
    private File upload;
    private String uploadFileName;
    private String uploadContentType;
    private String fileinfo;
    private String savePath;
    //设计上传文件目录
    public void setSavePath(String savePath) {
    this. savePath = savePath;
    }
    public String getSavePath() {
```

```
        return savePath;
    }
    public String getUploadFileName()
    {
        return uploadFileName;
    }
    public void setUploadFileName(String fileName)
    {
        this.uploadFileName = fileName;
    }
    public File getUpload()
    {
        return upload;
    }
    public void setUpload(File upload)
    {
        this.upload = upload;
    }
    public void setUploadContentType(String contentType)
    {
        this.uploadContentType=contentType;
    }
    public String getUploadContentType()
    {
        return this.uploadContentType;
    }
    public String getFileinfo() {
        return fileinfo;
    }
    @SuppressWarnings("deprecation")
    public String execute() throws Exception
    {
        if(upload! =null) //判断是否上传空文件
    {
        try {
            java.io.InputStream is = new java.io.FileInputStream(up-
load);
```

```
                //javax. servlet. http. HttpServletRequest request =
ServletActionContext. getRequest();
                //String strPath=request. getRealPath("/")+savePath
                        java. io. OutputStream  os  =  new  ja-
va. io. FileOutputStream
(savePath + uploadFileName);
                byte buffer[] = new byte[8192];
                int count = 0;
                while((count = is. read(buffer)) > 0)
                {
                    os. write(buffer, 0, count);
                }
                os. close();
                is. close();
                //显示文件信息
                this. fileinfo = uploadFileName+" , " + uploadContent-
Type;
            }
            catch (IOException e){
                //文件过滤信息:指定类型和大小
                this. addActionError(e. getMessage(). toString());
                return "input";
                }
        }
        else
        {
            this. addActionError("请选择上传的文件!");
            return "input";
        }
            return SUCCESS;
        }
    }
```

一个表单里的文件域对应 Action 中的三个属性,分别是文件、文件名、文件类型。命名是固定的,文件名必须同表单中的文件域名相同(upload)。文件名为:文件+FileName;文件类型为:文件+ContentType。

在 execute 方法中实现代码很简单,只是将临时文件复制到指定的路径(在这里是 D:\upload)中。上传文件的临时路径的默认值是 javax. servlet. context. tempdir 的值。Struts2 上传文件默认的大小限制是2MB(2 097 152字节),上传大小及类型都可以在struts. xml中设置。

步骤3:配置动作类。

在struts. xml文件中添加以下内容:

```
<action name="upload" class="chp10. UploadOneFile">
    <result name="success">/chapter10/UploadOneFile. jsp</result>
    <!--配置文件上传路径-->
    <param name="savePath">d: \upload \</param>
    <!--配置文件过滤器 -->
    <interceptor-ref name="defaultStack">
         <param name="fileUpload. allowedTypes">
              image/bmp,image/png,image/gif,image/jpeg,image/jpg
              </param>
                <param name = " fileUpload. maximumSize " >1048576 </
param>
    </interceptor-ref>
    <!--配置出错时返回的视图 -->
    <result name="input">/chapter10/UploadOneFile. jsp</result>
</action>
```

将JSP文件部署到tomcat的webapps\chapter10目录下,将类文件部署到classes目录下,在浏览器地址栏中输入"http://localhost:8080/bookshop/chp10/upload. action",运行结果见图10-8。

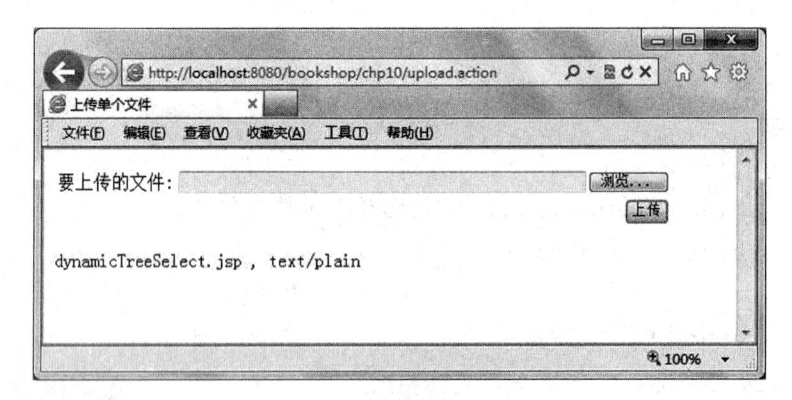

图10-8　上传单个文件

当前上传的文件不是指定类型的文件或是超过限制大小时,将给出提示信息,见图10-9。

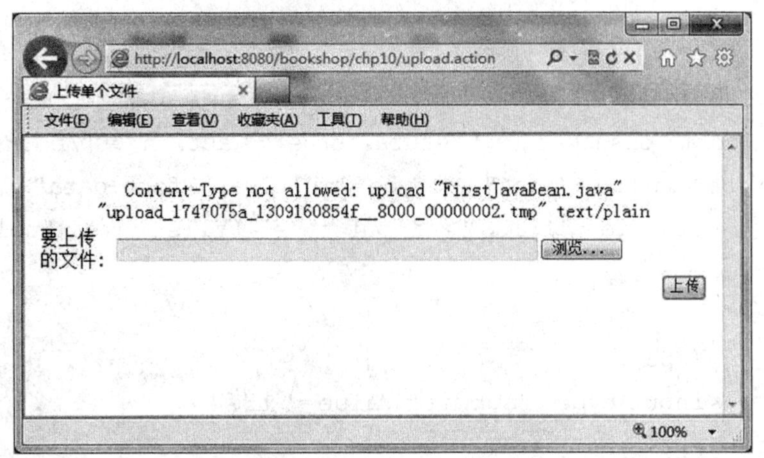

图 10-9 上传文件过滤

10.3.2 上传任意多个文件

在 Struts2 中,上传任意多个文件也非常容易实现。要想上传任意多个文件,首先需要在客户端使用 DOM 技术生成任意多个<input type="file" />标签。name 属性值都相同。

【例 10-6】上传任意多个文件。

步骤 1:上传文件的 JSP 页面,文件上传后显示文件的相关信息。

文件:UploadMoreFile.jsp

```
<%@ page import="java.util.*" contentType="text/html; charset=
UTF-8"%>
<%@ taglib prefix="s" uri="/struts-tags"%>
<html>
    <head>
        <script language="javascript">
        function addComponent()
        {
            var uploadHTML = document.createElement( "<input type='
file'  name='upload' size='50'/>");
document.getElementById("files").appendChild(uploadHTML);
            uploadHTML = document.createElement( "<p/>");
document.getElementById("files").appendChild(uploadHTML);
        }
    </script>
    <title>上传多个文件</title>
</head>
<body>
    <input type="button" onclick="addComponent();" value="添加文
```

```
件" />
        <br />
        <s:label name="errMsg"></s:label>
          < form  onsubmit  = " return  true;"  action  = "/bookshop/chp10/
upload1.action" method="post" enctype="multipart/form-data">
            <span id="files"><input type='file'name='upload'size=
'50'/>
                <p />
            </span>
            <input type="submit" value="上传" />
        </form>
        <s:label name="fileinfo"></s:label>
    </body>
</html>
```

上面的 Javascript 代码可以生成任意多个<input type=file>标签,name 的值相同。

步骤 2:实现多文件上传的动作类。

文件:UploadMoreFile. java

多文件上传处理 Action 类和上传单个文件的 Action 类基本一致,只需要将三个属性的类型改为 List<File>即可。

```
package chp10;
import java.io.* ;
import com.opensymphony.xwork2.ActionSupport;
public class UploadMoreFile extends ActionSupport
{
    private java.util.List<File> upload; //文件集
    private java.util.List<String> uploadFileName;
    private java.util.List<String> uploadContentType;
    private String savePath; //上传路径
    private String fileinfo; //上传文件信息
    private String errMsg; //错误信息
    public void setSavePath(String savePath) {
        this.savePath = savePath;
    }
    public String getSavePath() {
        return savePath;
    }
    public String getFileinfo() {
```

```
        return fileinfo;
    }
    public String getErrMsg() {
        return errMsg;
    }
    public java.util.List<String> getUploadFileName()
    {
        return uploadFileName;
    }
    public void setUploadFileName(java.util.List<String> fileName)
    {
        this.uploadFileName = fileName;
    }
    public java.util.List<File> getUploads()
    {
        return upload;
    }
    public void setUpload(java.util.List<File> upload)
    {
        this.upload = upload;
    }
    public void setUploadContentType(java.util.List<String> content-
Type)
    {
        this.uploadContentType = contentType;
    }
    public java.util.List<String> getUploadContentType()
    {
        return this.uploadContentType;
    }
    public String execute() throws Exception
    {
        if(upload ! = null)
        {
            int i = 0;
            for(; i < upload.size(); i++)
            {
```

```
                    try {
                         java.io.InputStream is = new java.io.FileInputStream
(upload.get(i));
                         java.io.OutputStream os = new java.io.FileOutput
Stream(
                                   savePath+ uploadFileName.get(i));
                         byte buffer[] = new byte[8192];
                         int count = 0;
                         while((count = is.read(buffer)) > 0)
                         {
                              os.write(buffer, 0, count);
                         }
                         os.close();
                         is.close();
                         if((fileinfo=="")||(fileinfo==null)) fileinfo =
(i+1)+"、" + uploadFileName.get(i) + " , " + uploadContentType.get(i);
                         else fileinfo = fileinfo+ "\n" + (i+1)+"、" + up-
loadFileName.get(i) + " , " + uploadContentType.get(i);
                    }
                    catch (IOException e){
                         //文件过滤信息:指定类型和大小
                         this.errMsg = e.getMessage().toString();
                         return "input";
                    }
               }
          }
          else
          {
               this.errMsg = "请选择上传的文件!";
               return "input";
          }
          return SUCCESS;
     }
}
```

在 execute 方法中，只是对 List 对象进行枚举，在循环中的代码和上传单个文件时的代码基本相同。

步骤 3：配置动作类。

在 struts. xml 文件中添加以下内容:

```
<action name="upload" class="chp10. UploadMoreFile">
    <result name="success">/chapter10/UploadMoreFile. jsp</result>
    <!--配置文件上传路径-->
    <param name="savePath">d: \upload \</param>
    <!--配置文件过滤器 -->
    <interceptor-ref name="defaultStack">
        <param name="fileUpload. allowedTypes">
            image/bmp,image/png,image/gif,image/jpeg,image/jpg
        </param>
        <param name="fileUpload. maximumSize">1048576</param>
    </interceptor-ref>
    <!--配置出错时返回的视图 -->
    <result name="input">/chapter10/UploadMoreFile. jsp</result>
</action>
```

将 JSP 文件部署到 tomcat 的 webapps\chapter10 目录下,将类文件部署到 classes 目录下,在浏览器地址栏中输入"http://localhost:8080/bookshop/chapter10/UploadMoreFile",运行结果见图 10-10 和图 10-11。

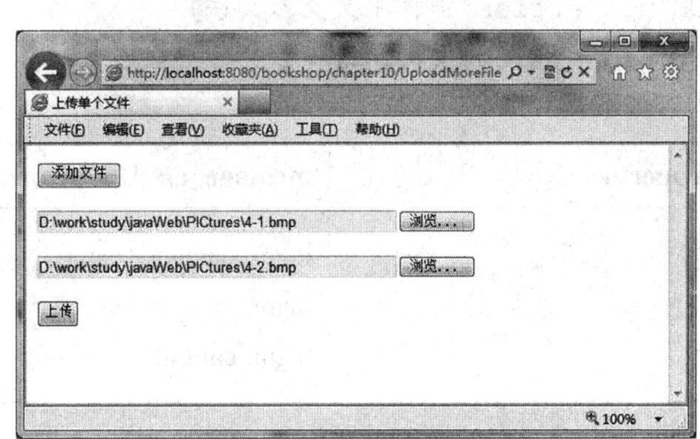

图 10-10 上传多个文件

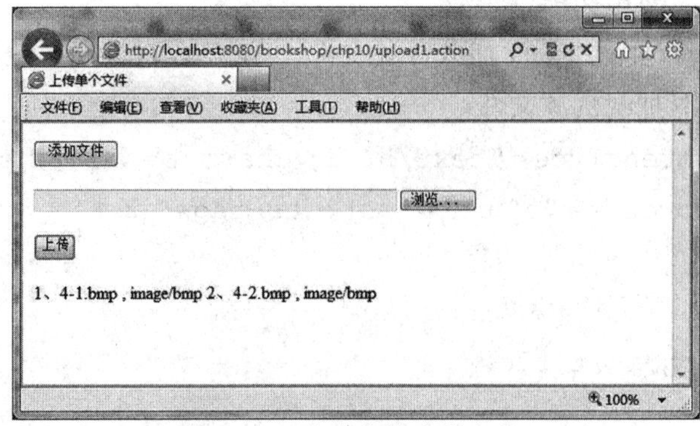

图 10-11 完成多个文件上传

10.4　Struts2 程序的国际化

在本书的前面章节中经常涉及输入提示、表单域校验等信息，这些信息多以一种语言的形式被固化到程序中。如果需要将中文版的系统改写成英文版，就要对程序进行全面修改。这种方式费时费力，也不利于系统版本的维护。

为解决这一问题，在 Struts2 中提供了非常好的方案，那就是国际化。通过 Struts2 的国际化支持，可以非常容易地显示不同国家或语言的错误提示信息。

Struts2 程序的国际化通常包括页面国际化、Action 国际化、验证信息国际化。

10.4.1　页面国际化

为更好地说明页面国际化的过程，下面以 Login.jsp 页面为例介绍页面国际化。

1. 准备资源属性文件

在 Web 应用的 classes 目录下新建一个 local 包，把所有资源文件放在其中，这里只创建两种语言的资源文件：英文和中文的资源文件（资源文件命名：xxx_语言_国家.properties）。

message_zh_CN.properties（简体中文资源文件）

message_en_US.properties（美国英语资源文件）

这两个文件的内容如下：

message_zh_CN.properties	**message_en_US.properties**
login.name =用户名 login.pass =密码 login.submit =提交	login.name = name login.pass = pass login.submit = submit

2. 页面上使用国际化功能

Struts2 支持在 JSP 页面中临时加载资源文件，也支持通过全局属性来加载资源文件。

（1）在页面中临时加载资源文件

```
<%@ page contentType="text/html; charset=UTF-8" %>
<%@ taglib prefix="s" uri="/struts-tags" %>
<html>
<head>
    <title>Login</title>
</head>
<body>
```

```
<s:i18n name="local.message">
        <s:label name="message"></s:label>
        <s:form action="Login" namespace="/chp10">
                <s:textfield name="username" label="%{getText
('login.name')}" size="30" />
                <s:password name="password" label="%{getText
('login.pass')}" size="31"/>
            <s:submit value="%{getText('login.submit')}"/>
        </s:form>
    </s:i18n>
</body>
</html>
```

(2)全局加载

在 classes 目录下新建 struts.properties 文件,设置全局属性加载资源文件。

```
struts.custom.i18n.resources = local.message
struts.local = zh_CN
struts.i18n.encoding = GBK
```

或者在 struts.xml 文件的<struts>下添加如下一行设置:

```
<constant name = "struts.custom.i18n.resources" value =
"local.message" />
```

全局加载资源文件后,就不需要在页面中再使用<s:i18n/>标签临时加入资源文件了。Login.jsp 页面代码修改如下:

```
<%@ page contentType="text/html; charset=UTF-8" %>
<%@ taglib prefix="s" uri="/struts-tags" %>
<html>
<head>
    <title>Login</title>
</head>
<body>
    <s:label name="message"></s:label>
    <s:form action="Login" namespace="/chp10">
            <s:textfield name="username" label="%{getText('log-
in.name')}" size="30" />
            <s:password name="password" label="%{getText('log-
in.pass')}" size="31"/>
        <s:submit value="%{getText('login.submit')}"/>
    </s:form>
```

```
</body>
</html>
```

在登录页面中不是直接输出信息，而是输出一个 key 值，该 key 值在不同语言环境下取出对应资源文件下的对应信息。如果是中文用户浏览该登录页面，那么就从中文资源文件中取出对应 key 值的字符串信息，返回给用户一个中文页面。如果是美国用户浏览该登录页面，那么就从英文资源文件中取出对应 key 值的字符串信息，返回给用户一个英文页面。如果程序要支持更多的语言，则只要增加相应的资源文件即可。

如果资源文件中包含非西欧字符，则必须将该字符转换成 Unicode 编码字符，可以使用 native2ascii 命令来处理转换该字符（在 JDK 安装目录的 bin 目录下）。命令如下：

```
native2ascii-encoding UTF-8 message.properties message_zh_CN.properties
```

其中，message. properties 是未转换的资源文件，message_zh_CN. properties 是转换后的资源文件。

重新部署文件后，在浏览器地址栏中输入"http://localhost:8080/bookshop/chapter10/Login-. jsp"，运行结果见图 10-12 和图 10-13。

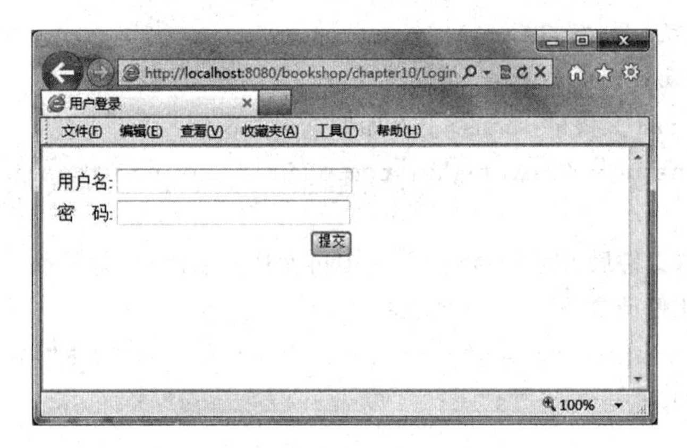

图 10-12　页面国际化后的结果（中文）

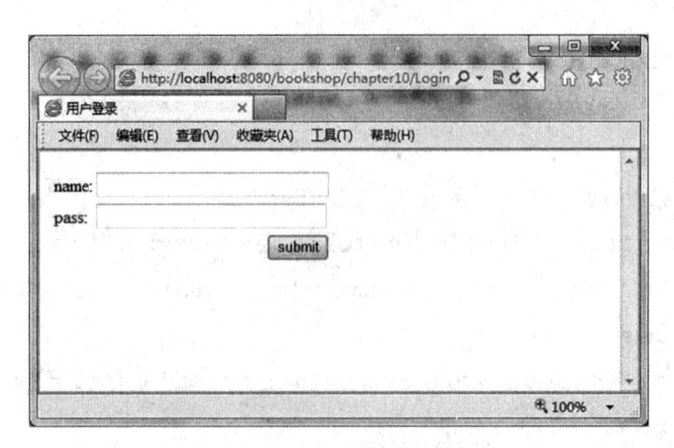

图 10-13　页面国际化后的结果（英文）

如果转换后 JSP 页面显示的是乱码，可以尝试改变编码方式，如将 UTF-8 改成 GB2312、

GBK等。

注意:改变客户端语言环境的方法是,IE浏览器的"工具"→"Internet"→"语言",移动语言顺序来调整客户端的语言优先级。

10.4.2 Action国际化

当Action执行后跳转到一个页面时,该页面将获取此Action传递的信息字符串。例如,在用户登录过程中,如果用户登录成功应该返回欢迎的提示信息,否则就返回提示用户名或密码错误的信息。本书前面示例是直接将字符串硬编码在程序中,现在也需要将字符串配置在资源文件中,然后在Action中取出所对应的字符串值存储于变量中即可。代码如下:

```
package chp10;
import chp10.db;//引入数据库操作类
import com.opensymphony.xwork2.ActionSupport;
public class Login extends ActionSupport {
      public String execute() throws Exception {
          if(! checkUser()) {
              //国际化Action信息
              this.message =getText("login.erromessage");
              return INPUT;
          }
          return SUCCESS;
    }
    private String username;
    public String getUsername() {
        return username;
    }
    public void setUsername(String username) {
        this.username = username;
    }

    private String password;
    public String getPassword() {
        return password;
    }
    public void setPassword(String password) {
        this.password = password;
    }
```

```
    private String message;
    public String getMessage() {
        return message;
    }
    public void setMessage(String message) {
        this.message = message;
    }

    @SuppressWarnings("finally")
    public boolean checkUser(){
        boolean boUser=false;
        db db1 = new db();
        try {
                //构建 SQL 查询语句
                String sSql="select *  from userinfo where username='"
+username+"' and password ='"+password+"'";
                System.out.println(sSql);
                //调用父类的 executeQuery 方法
                if((db1.executeQuery(sSql)).next()){
                    //查询出来的记录集不为空
                    boUser=true;
                }
                else{
                    boUser=false;
                }
        }
        catch(Exception ex) {
        //出错处理
        System.err.println("checkuser: " + ex.getMessage());
    }
    finally {
        //返回值
        return boUser;
    }
  }
}
```

在资源文件中分别添加以下信息：

message_zh_CN. properties	message_en_US. properties
login. succmessage=欢迎 login. erromessage=非法的用户名或密码	login. succmessage=welcome login. erromessage=Invalid user or password

重新部署文件后，在浏览器地址栏中输入“http://localhost:8080/bookshop/chp10/Login. action”，然后输入用户名和随意密码，运行结果见图 10-14 和图 10-15。

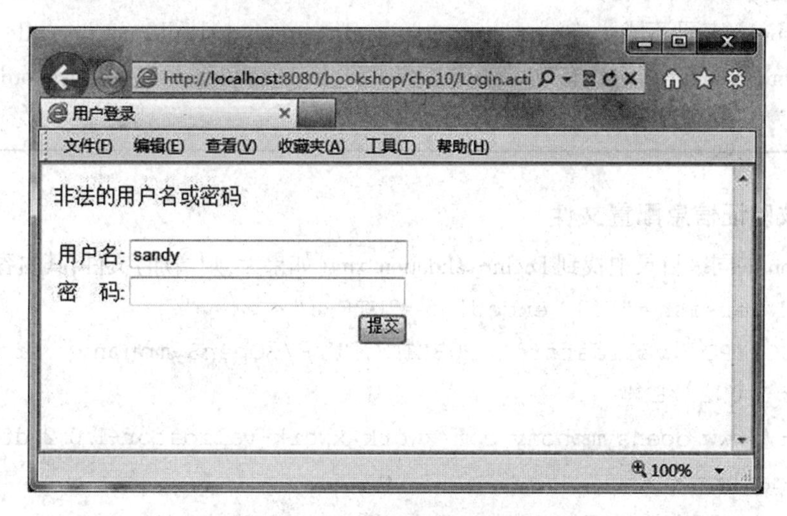

图 10-14 Action 国际化后的结果(中文)

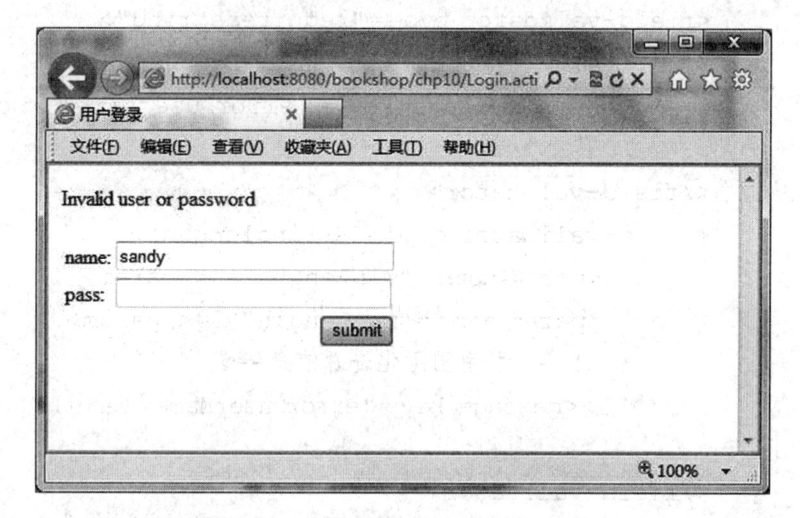

图 10-15 Action 国际化后的结果(英文)

10. 4. 3 验证信息国际化

Struts2 框架提供了表单数据的验证机制，下面介绍如何对验证信息进行国际化处理。

1. 修改资源文件内容

在两个资源文件中分别添加以下内容：

message_zh_CN. properties	message_en_US. properties
error. username=用户名不能为空 error. username_length=请输入有效用户名(长度为5-20个字符) error. password=密码不能为空 error. password_length=请输入有效密码(长度为3-20个字符)	error. username=user´s name should not be null error. username_length=please input username(character: 5-20) error. password=password should not be null error. password_length=please input password(character: 3-20)

2. 修改验证信息配置文件

在 Action 的同级目录中找到 Login-validation. xml(如果无,则增加)文件,其内容如下:

```
<? xml version="1.0" encoding="UTF-8"? >
<! DOCTYPE validators PUBLIC " -//OpenSymphony Group//XWork
Validator 1.0.2//EN"
"http://www.opensymphony.com/xwork/xwork-validator-1.0.2.dtd">
<validators>
    <field name="username">
        <field-validator type="requiredstring">
            <!-- 引用国际化资源信息-->
                <message key="error.username">not null</
message>
        </field-validator>
        <field-validator type="stringlength">
            <param name="minLength">5</param>
            <param name="maxLength">20</param>
            <!-- 引用国际化资源信息-->
              <message key="error.username_length">not null</
message>
        </field-validator>
    </field>
    <field name="password">
        <field-validator type="requiredstring">
          <message key="error.password">not null</message>
        </field-validator>
        <field-validator type="stringlength">
```

```
            <param name="minLength">3</param>
            <param name="maxLength">20</param>
              <message key="error.password_length">not null</
message>
         </field-validator>
      </field>
   </validators>
```

重新部署文件后,在浏览器地址栏中输入"http://localhost:8080/bookshop/chp10/Login.action",然后输入非法用户名和密码,运行结果见图10-16和图10-17。

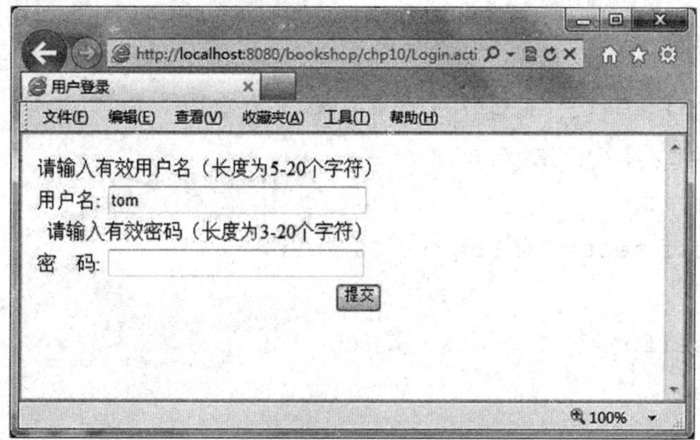

图10-16 验证信息国际化后的结果(中文)

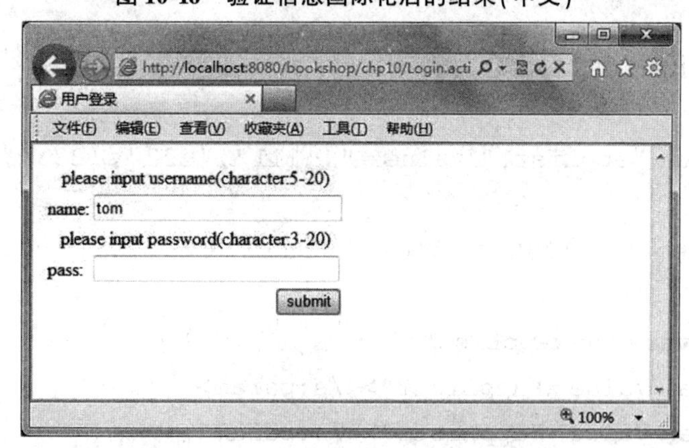

图10-17 验证信息国际化后的结果(英文)

10.5 Struts2标签的使用

Struts2框架提供了一套标签库,可以帮助开发者在Web应用程序的页面中更容易地获得动态数据。在这些标签库中,其中有些标签模拟了标准的HTML标签,但是提供了一些额外功能,还有一些标签提供了非标准的但非常有用的控制功能。下面将按控制标签、数据标签和 UI 标签三种类型进行介绍。

10.5.1 控制标签

(1) if /elseif/ else:用于逻辑判断,以控制基本的条件处理流程。

例如,根据设置的属性值输出符合要求的内容。

```
<!--设置属性 bir 的值为-12 -->
<s:set name="bir" value="-12"></s:set>
    <s:if test="#bir>=180 || #bir<0">
你是何方妖怪?
    </s:if>
    <s:elseif test="#bir<=18 && #bir>=0">
未成年人不能进入!
    </s:elseif>
    <s:elseif test="#bir<=60 && #bir>=18">
您已经成年!
    </s:elseif>
    <s:else>
您已经老了!
</s:else>
```

(2) append:用于将多个集合合并。

示例如下:

```
<s:set name="appList1" value="{'111','222','333','444'}"></s:
set>
<s:set name="appList2" value="{'aaa','bbb','ccc','ddd'}"></s:
set>
<s:append var="newAppList">
    <s:param value="appList1"></s:param>
    <s:param value="appList2"></s:param>
</s:append>
<s:iterator value="#newAppList">
     <s:property/> |
</s:iterator>
```

(3) generator:用于将指定的字符串按指定的分隔符分割成多个字串,生成的多个字串可以用 iterator 标签进行迭代输出。可以这么理解:generator 标签将一个字符串转换成一个 List 集合。在该标签体内,整个临时生成的集合将被放入 ValueStack 的顶端;但一旦该标签结束,生成的集合将被移出 Valuestack。

generator 标签有如下几个属性：

· count 属性：可选属性。指定生成集合中元素的总数。

· val 属性：必填属性。指定被解析的字符串。

· separator 属性：必填属性。指定用于分割字符串的分隔符。

· converter 属性：可选属性。指定一个转换器。转换器负责将生成的集合中的每个字符串转换成对象，通过这个转换器可以将一个含有分隔符的字符串解析成对象的集合。转换器必须是一个继承 org. apache. Struts2. util. IteratorGenerator. Converter 的对象。

· var 属性：可选属性。如果指定了该属性，则将生成的集合保存在 Stack Context 中；如果不指定该属性，则将生成的集合放入 ValueStack 的顶端，该标签一结束，生成的集合将被移除。该属性也可替换成 id。

示例如下：

```
<s:generator  val="'aaa,bbb,ccc,ddd' "separator="," count="2">
    <s:iterator>
        <s:property/>
    </s:iterator>
</s:generator><br/>
```

(4) iterator：用于迭代数据，一个可迭代的值可以是 java. util. Collection，也可以是 java. util. Iterator。

示例如下：

```
<s:set name="iterList" value="{'aaa','bbb','ccc','ddd'}"></s:
set>
<table border="1">
   <tr>
       <td>索引  </td>
       <td>值  </td>
       <td>奇?   </td>
       <td>偶?    </td>
       <td>首?    </td>
       <td>尾?    </td>
       <td>当前迭代数量    </td>
   </tr>
  <s:iterator value="{'aaa','bbb','ccc','ddd','eee','fff'}" begin
="1" status="s">
    <tr bgcolor="<s:if test="#s. odd">pink</s:if>">
        <td><s:property value="#s. index"/></td>
        <td><s:property/></td>
        <td><s:property value="#s. even"/></td>
```

```
            <td><s:property value="#s.odd"/></td>
            <td><s:property value="#s.first"/></td>
            <td><s:property value="#s.last"/></td>
            <td><s:property value="#s.count"/></td>
          </tr>
      </s:iterator>
        </table>
```

(5)subset:用户截取集合中的子集。

示例如下:

```
<s:set name="subList" value="{'@ @ @ ','* * * ','&&&','###'}"></s:
set>
<s:subset source="#subList" start="1" count="2">
   <s:iterator>
      <s:property/>,
   </s:iterator>
</s:subset>
```

【例 10-7】控制标签的使用。

文件:Tags_Control.jsp

```
<%@ page language="java" import="java.util.* " pageEncoding="UTF
-8"%>
<%@ taglib prefix="s" uri="/struts-tags"%>
<! DOCTYPE HTML PUBLIC "-//W3C//DTD HTML 4.01 Transitional//EN">
<html>
<head>
  <title>标签使用</title>
</head>
  <body>
        控制标签使用示例<br/>
        1.if /elseif/ else<br/>
        <s:set name="bir" value="-12"></s:set>
        <s:if test="#bir>=180 || #bir<0">
            你是何方妖怪?
        </s:if>
        <s:elseif test="#bir<=18 && #bir>=0">
            未成年人不能进入!
        </s:elseif>
        <s:elseif test="#bir<=60 && #bir>=18">
            您已经成年!
        </s:elseif>
```

```
            <s:else>
                您已经老了!
            </s:else>
        <br/>--------------------------------------------------<br/>
            2. append<br/>
            <s:set name="appList1" value="{'111','222','333','444'}">
</s:set>
            <s:set name="appList2" value="{'aaa','bbb','ccc','ddd'}">
</s:set>
            <s:append var="newAppList">
                <s:param value="appList1"></s:param>
                <s:param value="appList2"></s:param>
            </s:append>
            <s:iterator value="#newAppList">
                <s:property/> |
            </s:iterator>
            <br/>--------------------------------------------------<br/>
            3. generator  <br/>
             <s:generator   val="'aaa, bbb, ccc, ddd'"   separator=","
count="2">
                <s:iterator>
                        <s:property/>
                </s:iterator>
            </s:generator>
      <br/>--------------------------------------------------<br/>
            4. iterator<br/>
            <s:set name="iterList" value="{'aaa','bbb','ccc','ddd'}">
</s:set>
            <table border="1">
                <tr>
                    <td>索引   </td>
                    <td>值   </td>
                    <td>奇?   </td>
                    <td>偶?    </td>
                    <td>首?    </td>
                    <td>尾?    </td>
                    <td>当前迭代数量    </td>
                </tr>
                <s:iterator value="{'aaa','bbb','ccc','ddd','eee','fff
'}" begin="1" status="s">
                    <tr bgcolor="<s:if test="#s.odd">pink</s:if>">
```

```
                        <td><s:property value="#s.index"/></td>
                        <td><s:property/></td>
                        <td><s:property value="#s.even"/></td>
                        <td><s:property value="#s.odd"/></td>
                        <td><s:property value="#s.first"/></td>
                        <td><s:property value="#s.last"/></td>
                        <td><s:property value="#s.count"/></td>
                    </tr>
              </s:iterator>
            </table>
    <br/>----------------------------------------------------<br/>
        5. merge<br/>
        <s:set name="merList1" value="{'111','222','333','444'}"></
s:set>
        <s:set name="merList2" value="{'aaa','bbb','ccc','ddd'}"></
s:set>
        <s:append var="newMerList">
            <s:param value="merList1"></s:param>
            <s:param value="merList2"></s:param>
        </s:append>
        <s:iterator value="#newMerList">
            <s:property/> |
        </s:iterator>
    <br/>----------------------------------------------------<br/>
        6. subset<br/>
        <s:set name="subList" value="{'@@@','***','&&&','###'}">
</s:set>
        <s:subset source="#subList" start="1" count="2">
            <s:iterator>
                <s:property/>,
            </s:iterator>
        </s:subset>
    <br/>----------------------------------------------------<br/>
      </body>
    </html>
```

将 Tags_Control. jsp 部署到 bookshop\chapter10 目录下，在浏览器地址栏中输入“http://localhost:8080/bookshop/chapter10/Tags_Control. jsp”，运行结果见图 10-18。

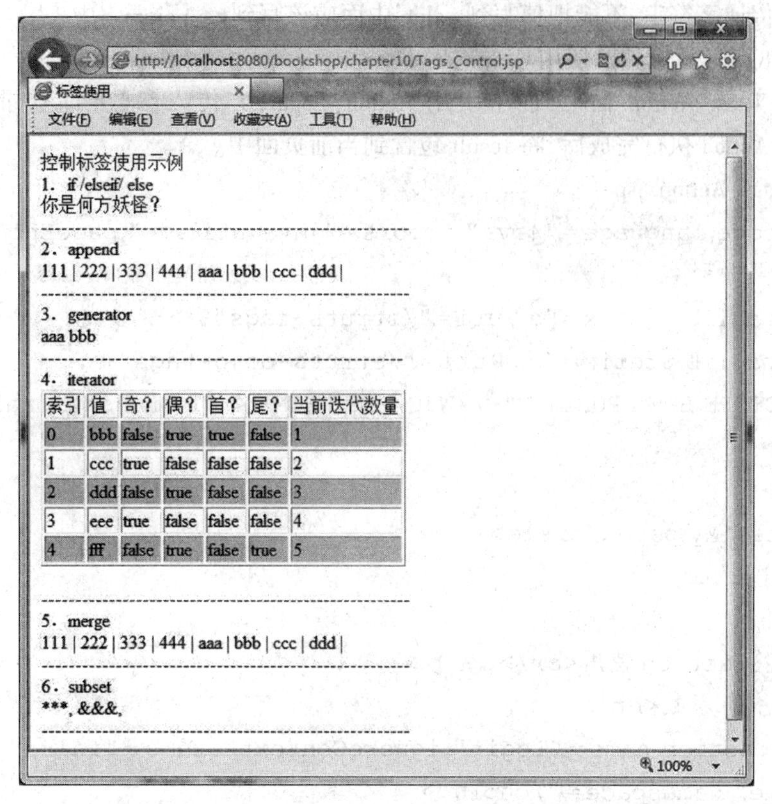

图 10-18　控制标签的使用

10.5.2　数据标签

1. action 标签

使用 action 标签，可以允许在 JSP 页面中直接调用 Action。在调用 Action 时，可以指定需要被调用的 Action 的 name 和 namespace。如果指定 executeResult 参数的属性值为 true，则该标签会把 Action 的处理结果（视图资源）包含到本页面中。使用 action 标签指定的属性有：

· id 为可选属性，作为 Action 的引用 ID。

· name 为必选属性，指定调用 Action。

· namespace 为可选属性，指定该标签调用 Action 所属 namespace。

· executeResult 为可选属性，指定是否将 Action 的处理结果包含到本页面中。默认值为 false，不包含。

· ignoreContextParam 为可选属性，指定该页面的请求参数是否需要传入调用的 Action 中。默认值是 false，即传入参数。

· s:param 是以 request 方式取值的，而不是以参数传值，所以 request. getParameter("") 会取不到值，应通过 request. getAttribute("") 方式取值。另外，使用<s:param ></s:param> value 指代的是 action 定义的对象的名称，而不是一个值，和 <s:textfield>中的 name 是一个意

思,因此,要传递字符串,不能把值写到 value 中而应该写到<s:param >中。

【例 10-8】action 标签的使用。

本例在 Tags_Action. jsp 页面中引用 Action:Login,并传入参数(即登录名和密码):sandy/123。Action 执行完成后,将 result 包含到当前页面中。

文件:Tags_Action. jsp

```
<% @  page language="java" import="java.util.* " pageEncoding="UTF-8"% >
<% @  taglib prefix="s" uri="/struts-tags"% >
<% @  taglib prefix="sx" uri="/struts-dojo-tags"% >
<! DOCTYPE HTML PUBLIC "-//W3C//DTD HTML 4.01 Transitional//EN">
<html>
<head>
  <title>My page</title>
</head>
  <body>
数据标签:action 使用<br/>
1. 允许传入参数<br/>
    <s:action name="Login" ignoreContextParams="false" executeResult="true" namespace="/chp10">
        <s:param name="username">sandy</s:param>
        <s:param name="password">123</s:param>
    </s:action>
   <br/><br/>
2. 传入参数错误<br/>
    <s:action name="Login" ignoreContextParams="false" executeResult="true" namespace="/chp10">
        <s:param name="username">sandy</s:param>
        <s:param name="password">456</s:param>
    </s:action>
  </body>
</html>
```

将 Tags_Action. jsp 部署到 bookshop\chapter10 目录下,在浏览器地址栏中输入“http://localhost:8080/bookshop/chapter10/Tags_Action. jsp”,运行结果见图 10-19。

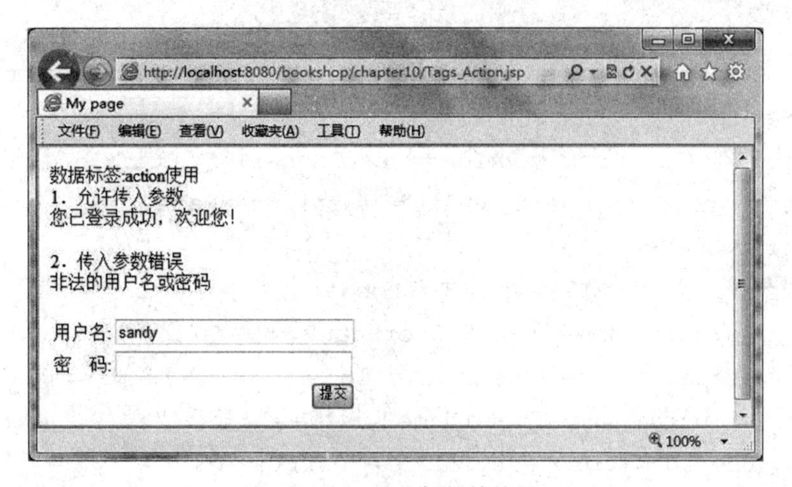

图 10-19 Action 标签的使用

2. bean 标签

用于导入一个 JavaBean,相当于 jsp:useBean 标签。bean 标签的属性主要有:

· name:JavaBean 的类名,不推荐使用 id。

· var:JavaBean 的对象名,可以通过"#"访问。

在 bean 标签中,使用<s:param name="属性名" value="值" />标签设置 JavaBean 对象的属性值,其中 value 的值为 OGNL 表达式,字符串应使用单引号。

如果不设置 var 属性,则 JavaBean 对象只在 bean 标签中有效,在 bean 标签外部无法访问。

使用 bean 标签时一般都会使用到 param 标签和 property 标签。

【例 10-9】bean 标签的使用。

在 Tags_Bean.jsp 文件中引用 useBean:UserBean,根据是否设置 var 属性显示不同的结果。

文件:Tags_Bean.jsp

```
<%@ page language="java" import="java.util.*" pageEncoding="UTF-8"%>
<%@ taglib prefix="s" uri="/struts-tags"%>
<%@ taglib prefix="sx" uri="/struts-dojo-tags"%>
<!DOCTYPE HTML PUBLIC "-//W3C//DTD HTML 4.01 Transitional//EN">
<html>
<head>
  <title>My page</title>
</head>
  <body>
数据标签 bean 使用<br/><br/>
1. 设置 var 属性,JavaBean 对象在 bean 标签外部也可以访问<br/>
    <s:bean name="chp10.UserBean" var="user">
```

```
        <s:param name="userId" value="1001"></s:param>
        <s:param name="userName" value="'张三'"></s:param>
    </s:bean>
    userId:<s:property value="#user.userId"/><br>
    userName:<s:property value="#user.userName"/>
    <br/><br/>
2. 不设置 var 属性,JavaBean 对象只在 bean 标签中有效<br/>
        <s:bean name="chp10.UserBean">
        <s:param name="userId" value="1001"></s:param>
        <s:param name="userName" value="'张三'"></s:param>
        userId:<s:property value="userId"/><br>
    </s:bean>
    userName:<s:property value="userName"/><br/>
    <s:debug />
  </body>
</html>
```

文件:UserBean.java

```
package chp10;
import java.io.Serializable;
public class UserBean implements Serializable{
    private static final long serialVersionUID = 1L;
    public UserBean() {}
    private Integer userId;
    private String userName;
    public Integer getUserId() {
        return userId;
    }
    public void setUserId(Integer userId) {
        this.userId = userId;
    }
    public String getUserName() {
        return userName;
    }
    public void setUserName(String userName) {
        this.userName = userName;
    }
}
```

将 Tags_Bean. jsp 部署到 bookshop \ chapter10 目录下，在浏览器地址栏中输入“http://localhost:8080/bookshop/chapter10/Tags_Bean. jsp”，运行结果见图 10-20。

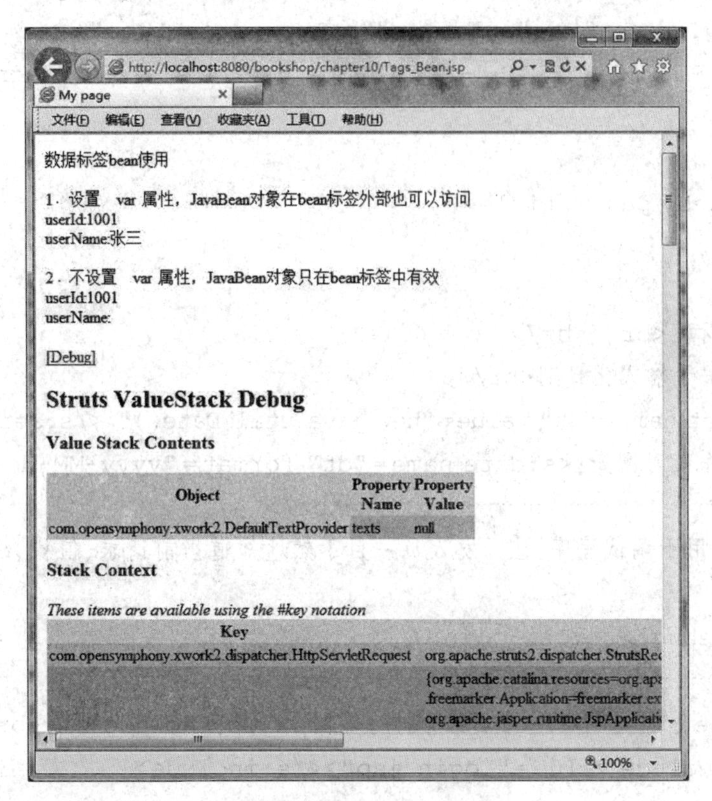

图 10-20　bean 标签的使用

3. param、property 标签

param：用于给指定参数设置值，主要参数有 name(参数名)和 value(参数值)。

property：用于输出结果，主要参数有 value(输出对象名)。

4. 其他常用数据标签

其他常用数据标签主要有：

· date：用于格式化日期。

· debug：用于调试程序，让开发人员一目了然地知道当前请求、值栈、栈中的各项参数。

· include：用于导入一个 JSP 文件，等同于 jsp:include 标签。

· push：该标签可以把程序员在 ActionContext 中引用的对象压入 ValueStack 中，为以后访问对象提供了方便。

· set：用户声明对象或属性。

· url：用于组拼一个请求路径。

【例 10-10】其他数据标签的使用。

文件：Tags_OtherData. jsp

```
<%@ page language="java" import="java.util.*" pageEncoding="UTF-
```

```
8"% >
    <% @  taglib prefix="s" uri="/struts-tags"% >
    <% @  taglib prefix="sx" uri="/struts-dojo-tags"% >
    <! DOCTYPE HTML PUBLIC "-//W3C//DTD HTML 4.01 Transitional//EN">
    <html>
    <head>
      <title>My page</title>
    </head>
      <body>
    其他数据标签<br/><br/>
    1. date:用于格式化日期<br/>
        <s:set name="dt" value="new java.util.Date()"></s:set>
        当期系统时间是:<s:date name="dt" format="yyyy-MM-dd HH:ss:mm"/>
    <br/>------------------------------------------<br/>
    2. debug:用于调试程序,让开发人员一目了然地知道当前请求、值栈、栈中的各项参数
<br/>
        <s:debug/>
    <br/>------------------------------------------<br/>
    3. include @ 用于导入一个 JSP 文件,等同于 jsp:include 标签<br/>
        <s:include value="Login.jsp"></s:include>
    <br/>------------------------------------------<br/>
    4. push:该标签可以把程序员在 ActionContext 中引用的对象压入 valuestack
中,为以后访问对象提供了方便<br/>
        <s:bean name="chp10.UserBean" var="user">
            <s:param name="userId" value="1001"></s:param>
            <s:param name="userName" value="'张三'"></s:param>
        </s:bean>
        <s:push value="#request.user"><s:property value="userName"/>
</s:push>
    <br/>------------------------------------------<br/>
    5. set:用户声明对象或属性<br/>
        <s:set name="uName" value="#request.user.userName"></s:set>
        <s:property value="#uName"/>,你好啊!
    <br/>------------------------------------------<br/>
    6. url:用于组拼一个请求路径<br/>
        <s:url var="url1" action="MyAction" method="add">
            <s:param name="id" value="% {23}"></s:param>
```

```
            <s:param name="name" value="%{'tom'}"></s:param>
        </s:url>
        <s:property value="#url1"/>
        <br/>
    注意:<br/>
          <s:set name="myurl" value="'http://www.baidu.com'"></s:set>
          value 以字符处理:   <s:url value="#myurl"></s:url><br>
          value 明确指定以 ognl 表达式处理:<s:url value="%{#myurl}"></s:
url>
    <br/>--------------------------------------------<br/>
      </body>
    </html>
```

将 Tags_OtherData.jsp 部署到 bookshop\chapter10 目录下,在浏览器地址栏中输入"http://localhost:8080/bookshop/chapter10/Tags_OtherData.jsp",运行结果见图 10-21。

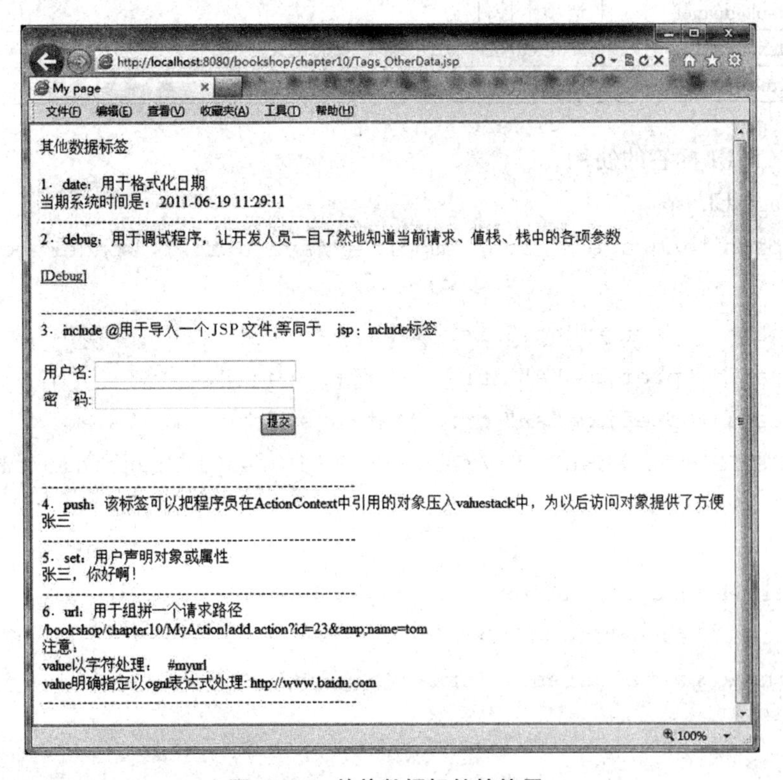

图 10-21 其他数据标签的使用

10.5.3 UI 标签

UI 标签有很多种,见表 10-1。

表 10-1 UI 标签的种类

序号	标签名	标签说明
1	checkboxlist	复选框列表,每次可以选择多项
2	radio	单选框,与复选框不同,每次只能选择一项
3	combobox	下拉组合选择框,由单行文本框和下拉列表框结合而成,两个表单元素只对应一个请求参数
4	select	下拉列表框,与 combobox 不同,只有下拉列表框
5	doubleselect	级联菜单,选择第一个下拉列表框时,第二个下拉列表框中的内容会随之改变
6	optiontransferselect	创建两个选项用来转移下拉列表项。该标签会生成两个<select>标签,并且会生成系列按钮,该系列按钮可以控制选项在两个下拉列表框之间移动、升降。当提交该表单时,两个<select>标签的请求参数都会被提交
7	updownselect	可从一组选项中选择多个选项
8	sx:datetimepicker	日期选择控件,使用前导入 Struts2-dojo-plugin-2. 1. 8. 1. jar
9	sx:tabbedpanel	选项卡控件
10	sx:textarea	textarea 控件,用户编辑格式化文本输入
11	sx:tree	树控件

【例 10-11】UI 标签的使用。

文件:Tags_UI. jsp

```
<% @ page language="java" import="java.util.*" pageEncoding="UTF-8"% >
<% @ page import="chp10.Sex"% >
<% @ taglib prefix="s" uri="/struts-tags"% >
<% @ taglib prefix="sx" uri="/struts-dojo-tags"% >
<! DOCTYPE HTML PUBLIC "-//W3C//DTD HTML 4.01 Transitional//EN">
<html>
<head>
  <title>My page</title>
  <s:head theme="xhtml"/>
  <sx:head parseContent="true"/>
</head>
  <body>
   UI 标签使用
    <br/><br/>
    <s:form>
    1. checkboxlist:复选框列表<br>
        1> list 生成;<br>
```

```
        name:checkboxlist 的名字<br>
        list:checkboxlist 要显示的列表<br>
        value:checkboxlist 默认被选中的选项,checked=checked<br>
        <s:checkboxlist theme="simple" name="checkbox1" list="{'上网',
'看书','爬山','游泳','唱歌'}" value="{'上网','看书'}" ></s:checkboxlist>
        <br>
        2> Map 生成; <br>
        name:checkboxlist 的名字<br>
        list:checkboxlist 要显示的列表<br>
        listKey:checkbox 的 value 的值<br>
        listValue:checkbox 的 lablel(显示的值)<br>
        value:checkboxlist 默认被选中的选项,checked=checked<br>
        <s:checkboxlist theme="simple" name="checkbox2" list="#{1:'上
网',2:'看书',3:'爬山',4:'游泳',5:'唱歌'}" listKey="key" listValue="value"
value="{1,2,5}" ></s:checkboxlist>
        <br/>--------------------------------------------------------<br/>
      2. combobox <br/>
     <s:combobox theme="simple" label="选择你喜欢的颜色" name="color-
Names"  headerValue="------请选择------" headerKey="1"  list="{'红','橙',
'黄','绿','青','蓝','紫'}" />
     <br/>------------------------------------------------------<br/>
      3. radio @ 单选框<br/>
        <%
            Sex sex1 = new Sex(1,"男");
            Sex sex2 = new Sex(2,"女");
            List<Sex> list = new ArrayList<Sex>();
            list.add(sex1);
            list.add(sex2);
            request.setAttribute("sexs",list);
        % >
                    这个与 checkboxlist 差不多;<br>
        1>如果集合为 javabean:<s:radio theme="simple" name="sex"
list="#request.sexs" listKey="id" listValue="name"></s:radio><br>
        2>如果集合为 list:<s:radio theme="simple" name="sexList"
list="{'男','女'}"></s:radio><br>
        3>如果集合为 map:<s:radio theme="simple" name="sexMap" list="#
{1:'男',2:'女'}" listKey="key" listValue="value"></s:radio><br>
```

```
<hr>
<br/>------------------------------------------------------------<br/>
4. select @下拉列表框<br/>
                    这个与 s:checkboxlist 差不多;<br>
    1>如果集合为 javabean:<s:select theme="simple" name="sex"
list="#request.sexs" listKey="id" listValue="name"></s:select><br>
    2>如果集合为 list:<s:select theme="simple" name="sexList"
list="{'男','女'}"></s:select><br>
    3>如果集合为 map:<s:select theme="simple" name="sexMap" list="#
{1:'男',2:'女'}" listKey="key" listValue="value"></s:select><br>

<br/>------------------------------------------------------------<br/>
5. doubleselect:级联菜单 <br/>
<!--可以直接指定,当然也可以跟数据库绑定-->
<s:set name="proviList" value="{'江西省','湖北省'}"></s:set>
<s:set name="jxList" value="{'南昌市','赣州市','九江市','上饶市','鹰
潭市'}"></s:set>
<s:set name="hbList" value="{'武汉市','恩施市','十堰市','荆州市','襄
樊市'}"></s:set>
<s:doubleselect theme="simple"  name="provi" doubleList="top==
'江西省'? #jxList : #hbList" list="#proviList" doubleName="city"></s:dou-
bleselect>
    <br/>------------------------------------------------------------<br/>
6. optiontransferselect <br/>
    <s:optiontransferselect theme="simple" label="change" name="abc"
doubleList="{'111','222','333','444'}" list="{'aaa','bbb','ccc','ddd'}" dou-
bleName="number"></s:optiontransferselect>
    <br/>------------------------------------------------------------<br/>
7. updownselect:可上下选择的 select <br/>
    <s:updownselect label="selectCity" emptyOption="true" name="
selectCity" list="#jxList" headerValue="-Please Select The City-"
headerKey="-1"></s:updownselect>
    <br/>------------------------------------------------------------<br/>
8. sx:datetimepicker:日期选择控件 <br/>
            (1)导入 Struts2-dojo-plugin-2.1.8.1.jar DoJo 插件包;<br/>
            (2)导入标签:<%--@ taglib prefix="sx" uri="/struts-dojo-
tags"--%>;<br/>
```

(3)在需要使用的页面中的 head 标签之间加上<%-- <sx:head parseContent="true"/> --%>;

```
<sx:datetimepicker label="birthday" name="bir" value="#dt">
</sx:datetimepicker>
    <br/>------------------------------------------------------------<br/>
9. sx:tabbedpanel:选项卡控件 <br/>
    <!-- tabbedpanel 标签 -->
    <!--最简单的选项卡,两个选项卡加载都是本页面 -->
    <hr color="blue">
    <b>最简单的选项卡:</b>
    <br>
    <sx:tabbedpanel id="tab1" beforeSelectTabNotifyTopics="/beforeSelect">
        <sx:div label="Tab 1" >
            Local Tab 1
        </sx:div>
        <sx:div label="Tab 2" >
            Local Tab 2
        </sx:div>
    </sx:tabbedpanel>
    <!--加载其他页面的选项卡 -->
    <hr color="blue">
    <b>加载其他页面的选项卡:</b>
    <br>
    <sx:tabbedpanel id="tab2">
    <sx:div label="Remote Tab 1" href="upload.jsp">
                Remote Tab 1
          </sx:div>
        <sx:div label="Remote Tab 2" href="multipleUpload.jsp" >
                Remote Tab 1
        </sx:div>
    </sx:tabbedpanel>
    <!--设置选项卡底下的内容懒加载,即等需要的时候再加载,使用属性 preload="false"-->
    <hr color="blue">
    <b>设置选项卡底下的内容懒加载,即等需要的时候再加载,使用属性 preload="false":</b>
```

```
        <br>
        <sx:tabbedpanel id="tab3">
            <sx:div label="Remote Tab 1" href="upload.jsp">
                Remote Tab 1
            </sx:div>
                < sx: div  label = " Remote  Tab  2 "  href = "
multipleUpload.jsp" preload="false">
                Remote Tab 1
            </sx:div>
        </sx:tabbedpanel>
        <!--固定大小的选项卡 -->
        <hr color="blue">
        <b>固定大小的选项卡,使用属性 cssStyle 和 doLayout:</b>
        <br>
         <sx:tabbedpanel cssStyle ="width: 200px; height: 100px;"
doLayout="true" id="tab4">
                <sx:div label="Tab 1" >
                    Local Tab 1
                </sx:div>
                <sx:div label="Tab 2" >
                    Local Tab 2
                </sx:div>
        </sx:tabbedpanel>
        <!--每次单击选项卡时都刷新内容 -->
        <hr color="blue">
        <b>每次单击选项卡时都刷新内容,使用属性 refreshOnShow:</b>
        <br>
        <sx:tabbedpanel id="tab5">
                <sx:div label="Remote Tab 1" href="upload.jsp" re-
freshOnShow="true">
                    Remote Tab 1
                </sx:div>
                <sx:div label="Remote Tab 2" href="multipleUpload.jsp"
refreshOnShow="true">
                    Remote Tab 2
                </sx:div>
        </sx:tabbedpanel>
```

```
<!-- 使得其中一个选项卡失效 -->
<hr color="blue">
<b>使得其中一个选项卡失效:</b>
<br>
<sx:tabbedpanel id="tab6">
  <sx:div label="Tab 1" >
       Local Tab 1
  </sx:div>
  <sx:div label="Tab 2" disabled="true">
       Local Tab 2
  </sx:div>
</sx:tabbedpanel>
<!--设置选项卡在底部显示(可以是: top, right, bottom, left) -->
<hr color="blue">
<b>设置选项卡在底部显示(可以是: top, right, bottom, left):</b>
<br>
<sx:tabbedpanel id="tab7" labelposition="bottom" cssStyle="
width:200px;height:100px;" doLayout="true">
    <sx:div label="Tab 1" >
          Local Tab 1
    </sx:div>
    <sx:div label="Tab 2" >
          Local Tab 2
    </sx:div>
</sx:tabbedpanel>
<!--设置选项卡允许关闭,使用属性 closeable -->
<hr color="blue">
<b>设置选项卡允许关闭,使用属性 closeable:</b>
<br>
<sx:tabbedpanel id="tab8">
    <sx:div label="Tab 1" >
          Local Tab 1
    </sx:div>  •
    <sx:div label="Tab 2"  closable="true">
          Local Tab 2
    </sx:div>
</sx:tabbedpanel>
```

```
      <br/>-----------------------------------------------------------<br/>
    10. sx:textarea:textarea 控件 <br/>
      <sx:textarea label="简介" value="sx:textareasx:textareasx:<
br/>textareasx: textareasx: textareasx: <br/>textareasx: textareasx: <
br/>textareasx:textarea"></sx:textarea>
      <br/>-----------------------------------------------------------<br/>
    11. sx:tree:树控件 <br/>
      <sx:tree id="tree1" label="根节点">
          <sx:treenode id="tn1" label="财务部" />
          <sx:treenode id="tn2" label="开发部">
                <sx:treenode id="tn3" label="JAVA" />
                <sx:treenode id="tn4" label=".NET" />
          </sx:treenode>
          <sx:treenode id="tn5" label="人事部" />
      </sx:tree>
    </s:form>
  </body>
</html>
```

将 Tags_UI. jsp 部署到 bookshop\chapter10 目录下，在浏览器地址栏中输入“http://localhost:8080/bookshop/chapter10/Tag_UI. jsp”，运行结果见图 10-22。

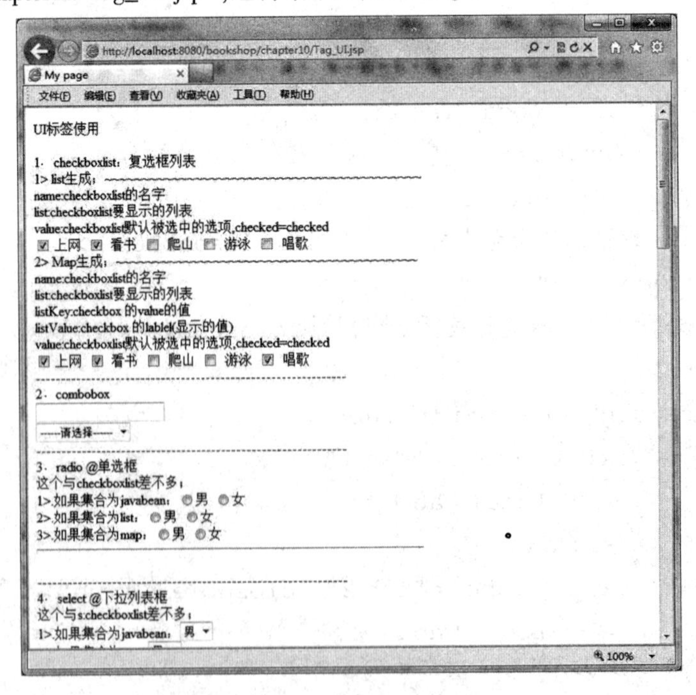

图 10-22　UI 标签的使用

本章小结

本章主要讲解了 Struts 与 Struts2 的基本知识、表单数据处理、文件上传、Struts2 程序的国际化和 Struts2 标签的使用等相关知识。通过对本章的学习，读者应该了解 Struts 的优、缺点，如何下载 Struts2，以及 Struts2 使用入门；掌握如何使用 validate 方法验证数据、使用 Struts2 框架验证数据、处理一个 form 多个 submit(　)；理解如何上传单个文件和任意多个文件；了解页面国际化、Action 国际化和验证信息国际化等知识；掌握 Struts2 中控制标签、数据标签和 UI 标签的使用。

本章习题

1. 简述 Struts2 框架的诞生和发展过程。
2. 简述 Struts2 框架中控制器的特征，以及如何在 struts. xml 配置文件中配置。
3. 简述 Struts2 框架包含哪些表单标签，分别对应 HTML 标签中的哪些标签。
4. 简述如何实现 JSP 页面国际化及验证信息国际化。
5. 实现文件上传时如何对表单进行设置？

参考文献

[1]程科,潘磊.Java 程序设计教程[M].北京:机械工业出版社,2015.

[2]翁恺,肖少拥.Java 语言程序设计教程[M].2 版.杭州:浙江大学出版社,2013.

[3]施霞萍,王瑾德,史建成.Java 程序设计教程[M].3 版.北京:机械工业出版社,2012.

[4]谷志峰.Java 程序设计基础教程[M].北京:电子工业出版社,2016.

[5]叶乃文,王丹.Java 语言程序设计教程[M].北京:机械工业出版社,2010.

[6]张席.Java 语言程序设计教程[M].西安:西安电子科技大学出版社,2015.

[7]明日科技.Java 从入门到精通[M].4 版.北京:清华大学出版社,2016.

[8]陈国君.Java 程序设计基础[M].5 版.北京:清华大学出版社,2015.

[9]辛运帏,饶一梅.Java 程序设计[M].4 版.北京:清华大学出版社,2017.

[10]杨冠宝.阿里巴巴 Java 开发手册[M].北京:电子工业出版社,2018.